数控机床加工实训

陈　国　主编

电子科技大学出版社
University of Electronic Science and Technology of China Press
·成都·

图书在版编目(CIP)数据

数控机床加工实训 / 陈国主编 . -- 成都：成都电
子科大出版社，2025.5. -- ISBN 978-7-5770-1010-6

Ⅰ. TG659

中国国家版本馆 CIP 数据核字第 2024SM7084 号

数控机床加工实训

SHUKONG JICHUANG JIAGONG SHIXUN

陈　国　主编

策划编辑　魏　彬　李燕芩
责任编辑　李燕芩
责任校对　魏　彬
责任印制　梁　硕

出版发行　电子科技大学出版社
　　　　　成都市一环路东一段 159 号电子信息产业大厦九楼　邮编 610051
主　　页　www.uestcp.com.cn
服务电话　028-83203399
邮购电话　028-83201495

印　　刷　成都市火炬印务有限公司
成品尺寸　170 mm×240 mm
印　　张　11.25
字　　数　200 千字
版　　次　2025 年 5 月第 1 版
印　　次　2025 年 5 月第 1 次印刷
书　　号　ISBN 978-7-5770-1010-6
定　　价　49.00 元

编　委　会

前 言

习近平总书记指出，教育要培养一代又一代拥护中国共产党领导和我国社会主义制度、立志为中国特色社会主义奋斗终身的有用人才。为致力于培养数控技术优秀人才，本书结合社会发展和数控车工岗位职业要求，以突出职业能力培养为中心，以工作过程为载体，以实际生产典型过程为案例，着重加强操作者应用能力的培养，将技能和素质要求融入工作项目中，使操作者能够在数控机床加工实训的过程中，培养自身的团队合作、沟通协调等工作能力。

本书以 Fanuc 0i Mate TD 系统数控车床为例，具体讲解了数控车床的基本知识、编程基础、指令讲解、程序编制和数控车床操作等内容。

本书采用了任务驱动的编写方式，这种编写方式反映了当前企业生产的新要求。本书力求把数控加工企业岗位的知识和技能相互融合，并渗透到每一个任务中，让操作者"在做中学，学中做"，以便实现与企业的零距离对接。

本书的基础理论以"必需、够用"为度，书中应用的实例紧密结合了生产实际，具有很强的实用性、有效性和针对性。本书任务安排合理，内容丰富，可作为高校数控专业和机电专业数控车床编程与操作的教学用书，也可作为从事数控加工的技术人员和操作人员的培训用书。

由于编者水平和经验有限，书中难免有不足，恳请广大读者批评指正。

目　录

项目 1　数控车床基本操作和编程基础

数控车床基本操作和编程基础主要介绍数控车床的坐标系，了解数控车床常用的夹具、量具，S、M、T、F 指令的格式及应用。

【项目目标】

(1) 了解数控车床的车床原点；

(2) 正确建立车床坐标系与工件坐标系之间的联系，并能设定工件坐标系；

(3) 能正确选用和安装刀具，掌握数控车床的对刀；

(4) 能合理使用车床的夹具并正确进行工件的装夹；

(5) 掌握数控车床的基本操作方法；

(6) 掌握相关量具的应用；

(7) 掌握 S、M、T、F 指令的格式及应用；

(8) 了解数控车床的安全生产规程和日常维护保养。

1.1　数控车床原点和车床坐标系

车床原点为车床上的一个固定点，也称"车床零点"或"车床零位"。它是车床制造厂家设置在车床上的一个物理位置，在数控车床上，一般设在主轴旋转中心与卡盘后端面之交点处。

以车床原点为坐标系原点在水平面内沿直径方向和主轴中心线方向建立起来的 X、Z 轴直角坐标系，成为车床坐标系。参考点也是机床上一固定点，它是 X、Z 轴最远离工件的那一个点，其固定位置由 X 向与 Z 向的机械挡块来确定，如图 1-1 所示。

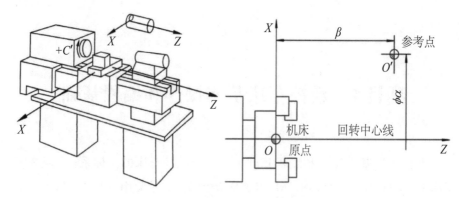

图 1-1　数控车床坐标系和参考点

以此为基准来调整和修调一些工艺尺寸，诸如车床导轨与主轴轴线的平行度、导轨与主轴的高度、主轴的径向跳动量、轴向窜动量等。

1. 车床坐标系是制造和调整车床的基础

不论是普通车床还是数控车床，在车床硬件组装和调试时，都必须首先建立一个工艺点（或坐标系），以此为基准来调整和修调一些工艺尺寸，诸如车床导轨与主轴轴线的平行度、导轨与主轴的高度、主轴的径向跳动量、轴向窜动量等。这是一个固定点，这个工艺点一旦确定，一般不允许随意变动。

2. 建立车床与数控系统的位置关系

我们可以把数控车床分为三大模块：一是数控系统（软件），二是车床本体（硬件），三是被加工工件（浮动件）。它们分别有程序坐标系、车床坐标系和工件坐标系三个坐标系。

数控车床上电后，三个坐标系并没有直接的联系，因此每次开机后无论刀架停留在车床坐标系中的任何位置，系统都把当前位置认定为（0，0），这样会造成坐标系基准的不统一，因此，数控车床一般采用手动方式让车床回零点的办法来解决这一问题。

其原理是将刀架运行到主轴旋转中心与卡盘后端面之交点处（车床零点），这时溜板碰到了已预先精确设置好的行程开关或机械挡块，信号即刻传送到计算机系统，系统复位，此时 CRT 上显示系统已预设置好的 $X\,0.000$、$Z\,0.000$ 坐标值，使车床与系统建立了同步关系，也就是让系统知道了车床零点的具体坐标位置，建立了测量车床运动坐标的起始点。此后，CRT 上会适时准确地跟踪刀架在车床坐标系中运动的每一个坐标值。

但是，由数控车床的结构分析可知，将刀架中心点（对刀参考点）运行到主轴旋转中心与卡盘后端面之交点处是不可能的（会发生车床干涉），故此我们在车床坐标系 X、Z 轴的正方向的最大行程处设立一个与车床坐标系零点之间，有精确位置关系的工艺点，并用行程开关或机械挡块或栅尺定位。这个点我们把它称为针对车床零点的一个参考点。当数控装置通电后让刀架回车床参考点，实际上就达到了车床回零的效果。

由此可知，车床参考点和车床零点之间是有着密切联系的两个点，车床参考点也是车床上的一个固定点，是数控车床出厂时已设定好的。该点是车床坐标系的 X、Z 轴的正方向的最大极限处的一个固定不变的极限点。其位置由机械挡块或行程开关或栅尺确定。以车床参考点为原点，坐标方向与车床坐标方向相同，所建立的坐标系叫作参考坐标系，如图 1-2 所示。

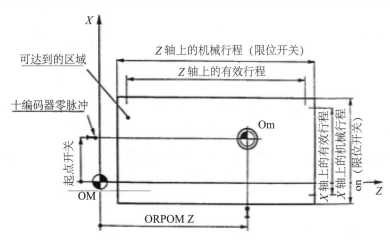

图 1-2   车床参考点和车床零点的关系

3. 车床坐标系也是设置工件坐标系的基础

工件坐标系没有太多的要求，但在数控车床操作中，数控系统根据所输入的工件程序，通过系统运算后，由数控装置来控制数控车床的执行机构按工件程序的轨迹运动，来达到对工件加工的目的，但数控车床各个轴的运动都是按车床坐标系进行运动的。当工件在车床上安装后，虽然工件全身置于车床坐标系中，但具体在车床坐标系中的位置并没有得以确认。也就是说车床坐标系与工件坐标系之间还没有建立有机的统一。以车床坐标系运行的刀具，不可能与工件轮廓相吻合，如图1-3所示。在实际操作中，人们通常采用试切对刀法来解决这一问题(确定工件坐标系在车床坐标系中的具体位置)。

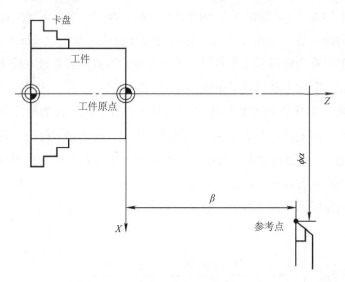

图1-3 机床坐标系与工件坐标系重合示意图

我们可以在所装工件上任取一特殊点(一般是工件的左端或右端中心)，这一点我们称为工件坐标系原点，它是工件上所有转折点坐标值之基准点。为了提高零件的加工精度，避免尺寸换算和基准不重合误差等，工件原点应尽量设定在零件的设计基准或工艺基准上，以此点建立的坐标系，称为工件坐标系。

在手动方式下，分别用车刀试切工件的端面和外圆找到工件原点，测量出工件原点到车床原点在 X、Z 方向间的距离，这个距离称为工件原点偏置值，即车床原点在工件坐标系中的绝对坐标值。将这个偏置值预存到数控系统中，加工时，工件原点偏置值能适时自动地加到以车床坐标系运动的各轴上，使数控系统通过车床坐标系＋工件偏置值来确定加工工件的各坐标值。通过这些操作，我们又建立了工件坐标系与车床坐标系及数控系统之间的联系。事实上，找工件原点在机械坐标系中的位置并不是求该点的实际位置，而是找当刀位点到达工件(0，0)时，刀架上的参考点在车床坐标系中的位置。

1.2　数控车床的基本操作

1.2.1　文明生产

文明生产是企业管理中的一项十分重要的内容，它直接影响产品质量，关系设备和工卡量具的使用效果和寿命，还关系到操作者的技能发挥。因此，操作者在整个过程中必须做到以下几点。

①进入生产车间后，应服从安排，听从指挥，不得擅自启动或操作车床数控系统。

②对车床主体，应按照数控机床的有关要求进行维护保养。

③开启机床后，应检查机床散热风机是否工作正常，以保证良好的散热效果。

④操作数控系统时，对各按键及开关的操作不得用力过猛，更不允许用扳手或其他工具进行操作。

⑤机床运转过程中，不得远离机床。

⑥班次结束时，必须按规定关机，清理清扫机床及环境卫生。

1.2.2　安全操作技术

操作车床时，必须自觉遵守纪律，严格遵守安全技术要求及各项安全操作规章制度。

①按规定穿戴好劳动保护用品。

②不许穿高跟鞋、拖鞋上岗，不许戴手套和围巾操作。

③完成对刀后，要做模拟操作，以防止正式加工时发生碰撞或扎刀。

④在数控车削过程中，关好防护门，选择合理的站立位置，确保安全。

1.2.3　数控车床键盘操作说明

数控车床的操作是数控加工技术的重要环节。不同厂家生产的数控车床、车床面板是不同的。本书以 Fanuc 0i Mate TD 系统、宝鸡机床厂生产的 CK6136 数控车床为例进行简单介绍，如图 1-4 和图 1-5 所示的机床操作、控制面板。

1. CRT/MDI 操作面板介绍

MDI 键盘用于实现程序编辑、参数输入等功能，由 CRT 显示器 (左半)、MDI 键盘 (右半) 两部分组成，如图 1-4 所示。要显示一个更详细的屏幕，可以在按下功能键后按功能软键。最左侧带有向左箭头的软键为菜单返回键，最右侧带有向右箭头的软键为菜单继续键。

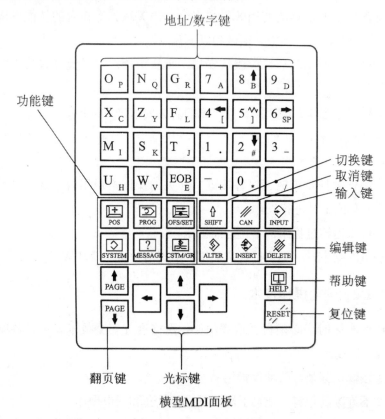

图 1-4　车床 CRT/MDI 操作面板

（1）MDI 键盘各按键功能，见表 1-1 所列。

表 1-1　MDI 键盘各按键功能

块名	图标	功能	块名	图标	功能
数字字母键	键盘上部 4 行 6 列	用于输入数据到输入区域系统自动判别取字母或取数字	页面切换键	MESSAGE	信息
				CUSTOM GRAPH	图形参数
编辑键	ALTER	替换键	翻页按钮	↑PAGE	向上翻页
	DELETE	删除键		↓PAGE	向下翻页
	INSERT	插入键	光标移动	↑	向上移动光标
	CAN	取消键		←	向左移动光标
	EOB E	分号；换行键		↓	向下移动光标
	SHIFT	上档键		→	向右移动光标
页面切换键	PROG	程序编辑	其他键	INPUT	输入键：用于输入到参数界面
	POS	位置显示		HELP	系统帮助
	OFFSET SETTING	参数输入			复位键

车床控制面板如图 1-5 所示，MDI 面板如图 1-6 所示。

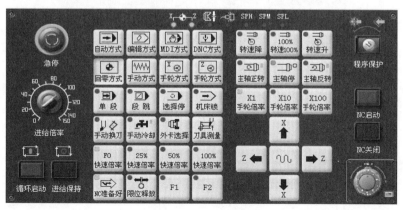

图 1-5　车床控制面板

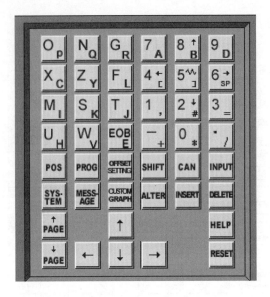

图 1-6 MDI 面板

（2）输入缓冲区。

当按下一个地址或数字键时，与该键相应的字符就立即被送入输入缓冲区。输入缓冲区的内容显示在 CRT 屏幕的底部。

为了标明这是键盘输入的数据，在该字符前面会立即显示一个符号"＞"。在输入数据的末尾显示一个符号"＿"标明下一个输入字符的位置，如图 1-7 所示。

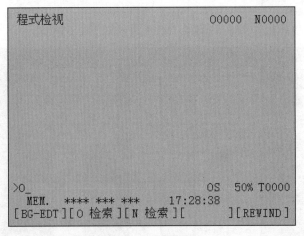

图 1-7 输入缓冲区

2.车床控制面板说明

车床控制面板主要用于控制车床的运动状态，由模式选择按键和数控程序运行控制开关等多个部分组成，具体见表1-2所列。

表1-2 车床控制面板各按键功能

操作按键	名称	功能
 自动方式	自动方式	按下该键，进入自动运行方式
 编辑方式	编辑方式	按下该键，进入编辑运行方式
 MDI方式	MDI方式	按下该键，进入MDI运行方式
 DNC方式	DNC方式	按下该键，进入DNC运行方式
 回零方式	回零方式	按下该键，可以进行返回机床参考点操作
 手动方式	手动方式	按下该键，进入手动运行方式
 手轮方式 手轮方式	手轮方式	按下该键，进入手轮运行方式
 单段	单段	按下该键，进入单段运行方式
 段跳	跳段	按下该键，并在程序段前输入"/"，自动运行时有效
 选择停	选择停	按下该键，并在程序内输入M01，自动运行时有效
 机床锁	机床锁	按下该键，机床主运动无法工作
 手动换刀	手动换刀	按下该键，在手动方式下执行换刀动作

操作按键	名称	功能
手动冷却	手动冷却	按下该键，在手动方式下切削液开
外卡选择	外卡选择	按下该键，机床进入外卡加紧方式
刀具测量	刀具测量	在对刀时使用该键，以便系统记录刀具当前位置
F0 快速倍率　25% 快速倍率　50% 快速倍率　100% 快速倍率	快速倍率	选择快速进给的速度
NC准备好	NC 准备好	按下该键，指示灯常亮时机床完成自检
限位释放	限位释放	按下该键，取消坐标轴的硬限位
F1　F2	拓展	机床有待开发的功能键
转速降　100% 转速100%　转速升	主轴倍率	调节主轴转速
主轴正转　主轴停　主轴反转	主轴功能	主轴正转、主轴停和主轴反转
X1 手轮倍率　X10 手轮倍率　X100 手轮倍率	手轮倍率	手轮方式下，调节手轮进给倍率
X↑ Z← ∿ →Z ↓X	坐标轴移动	手动方式下，移动坐标轴进行正、负方向的进给
∿	快速进给	按下该键，快速进给倍率有效

续表

操作按键	名称	功能
	急停键	用于锁住机床。按下急停键时，机床立即停止运动
	进给倍率	自动方式下，调节进给速度
	循环启动	按下该键，自动运行程序
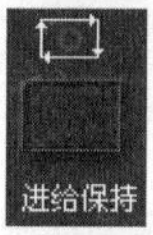	进给保持	按下该键，程序暂停
	程序保护	关闭后，程序处于保护模式，不能编辑、修改和删除程序
	NC 启动	按下该键，启动 NC 系统
	NC 关闭	按下该键，关闭 NC 系统
	手轮	在手轮方式下，有效

1.2.4 车床操作

下面以 FANUC 0i 系统的数控车床为例，介绍机床的基本操作。

1. 开机

①检查机床的润滑油泵，油面应在上、下油标线之间。

②合上电源总开关。

③打开机床左侧的电源开关。

④按 CNC 电源 "启动" 键，等待系统启动。

⑤顺时针方向转动急停开关，打开 "急停"。

⑥按 "NC 准备好" 键，让其指示灯常亮。

2. 回参考点 (回零)

①选择回零 方式。

②选择合适的快速倍率 (0%、25%、50%、100%)，点击坐标轴 X、Z 的正方向移动按钮 ，即回参考点。回参考点 (又称回零) 是否成功，可通过观察机床回零指示灯是否亮起 。

注意：回原点时应该先回 X 轴，再回 Z 轴，否则刀架可能与尾座发生碰撞，快速倍率不能选择 0%。回参考点操作时，手要放在 "急停" 按钮上，眼睛盯住刀具的位置，做好应急准备。

即使机床开机之后已经进行回零操作，如出现以下几种情况仍需要重新回参考点：

①机床关机后马上重新接通电源；

②机床解除急停状态后；

③机床在第一次回参考点过程中出现超程报警并消除报警后；

④数控机床在 "机械锁定" 状态下进行程序的空运行操作后。

3. 移动机床坐标轴

手动移动机床坐标轴的方法有两种。

(1) 手动方式。

按住需要移动的坐标方向键，机床坐标轴移动，松开则停止移动；同时按住快速进给键，机床坐标轴快速移动。

(2) 增量方式。

选择 "增量移动键"，用于微量调整。选择 "X1" "X10" "X100" 步进量，选择各轴，每按一次，机床各轴移动一步。

(3) 手轮方式。

选择 X 轴手轮方式或 Z 轴手轮方式，选择手轮倍率 (X1、X10、X100)，转动手轮控制坐标轴移动。

4. MDI 方式

在 MDI 方式下可以编制一段程序并加以执行。例如完成主轴转速为 500 r/min 的正转，具体操作步骤如下：

①选择"MDI"模式。

②单击操作面板上的"程序键"（PRGRM），进入程序输入界面。

③输入程序段"M03S500"，并单击操作面板"插入键"（INSERT）。

④按"循环启动"键，让主轴 500 r/min 正转。

⑤开、关主轴基本操作。

5. 关机操作

准备关机时要确认机床各个部位不在运行中，并且不在程序和参数写入状态。机床的关机步骤如下：

①将机床各个部位置于正确部位；

②按下"急停"按钮；

③关闭数控系统电源；

④关闭机床电源；

⑤关闭总电源。

1.2.5　工件坐标系建立

1. 对刀的方法

利用数控车床进行零件加工时，开机后，我们先要执行回参考点的操作，以便建立机床坐标系；然后要进行对刀及建立工件坐标系的操作，最后再编制零件的程序并加工。对刀的准确与否直接会影响后面的加工。数控车床设置工件坐标系的方法有以下几种：

（1）直接用刀具试切对刀；

（2）用 G50 设置工件零点；

（3）用工件移设置工件零点；

（4）用 G54-G59 设置工件零点。

本书主要介绍：直接用刀具试切对刀的方法建立工件坐标系。

2. 对刀步骤

对刀的基本原理是：对于每一把刀，我们假设将刀尖移至工件右端面中心，记下此时的机床指令 X、Z 的位置，并将它们输入刀偏表里该刀的 X 偏置和 Z 偏置中。以后数控系统在执行程序指令时，会将刀具的偏置值加到指令的 X、Z 坐标中，从而保证所到达的位置正确。具体对刀步骤如下：

（1）工件和刀具装夹完毕，驱动主轴旋转，移动刀架至工件试切一段外圆。然后保持 X 坐标不变，移动 Z 轴刀具离开工件，测量出该段外圆的直径。将其输入相应的刀具参数中，系统会自动用刀具当前 X 坐标减去试切出的那段外圆直径，即得到工件坐标系 X 原点的位置。

（2）移动刀具试切工件一端端面，在相应刀具参数中输入 $Z0$，系统会自动将此时刀具的 Z 坐标减去刚才输入的数值，即得工件坐标系 Z 原点的位置。

（3）对刀注意事项

①在回参考点操作和手动操作时，要注意进给倍率开关的位置，要调整适当，初操作时，速度要慢些，以免发生意外。

②换刀操作之前一定要检查刀具的位置是否安全，以免发生碰撞事故。

③对刀时，要注意刀具号与设置的参数号一一对应。

④工件和刀具必须装夹牢固，选取合适的主轴转速、进给量及进给速度。

1.2.6　程序编辑和运行

1. 新建程序

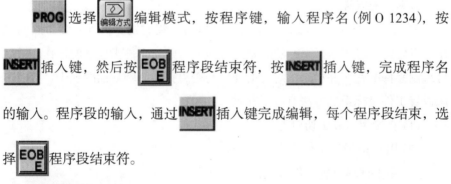

PROG 选择 编辑方式 编辑模式，按程序键，输入程序名（例 O 1234），按 INSERT 插入键，然后按 EOB E 程序段结束符，按 INSERT 插入键，完成程序名的输入。程序段的输入，通过 INSERT 插入键完成编辑，每个程序段结束，选择 EOB E 程序段结束符。

2. 删除程序

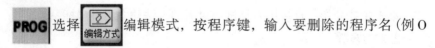

PROG 选择 编辑方式 编辑模式，按程序键，输入要删除的程序名（例 O

1234)，按 **DELETE** 删除键，"O 1234" NC 程序被删除。

PROG 如果删除全部程序，在 **编辑方式** 编辑模式下，按程序键，输入程

序名"O 9999"，按 **DELETE** 删除键，NC 程序全部被删除。

3. 程序的修改

选择 **编辑方式** 编辑模式，打开需要修改的程序，通过 ←↑↓→ 键和 **PAGE** 翻页

键，让光标移动到需要插入坐标字的地方，输入要插入的字，按 **INSERT** 键，

完成坐标字插入。让光标停在需要替换的坐标字上，输入要替换的字，按

ALTER 键，完成坐标字替换。让光标停在需要删除的坐标字上，按 **DELETE**

键，完成坐标字删除。

4. 程序的运行

先选择需要执行的程序，在编辑模式下，通过 **RESET** 复位键，让光标复

位；然后选择 **自动方式** 自动方式，按 **[I]** 循环启动按钮，运行程序；选择

单段 方式，让其指示灯亮，则每按一次 **[I]** 循环启动按钮，运行一个程

序段。

5. 程序的校验

对照表1-3，分析程序输入与编辑出现误差现象、产生原因。

表1-3　程序输入与编辑出现误差现象、产生原因分析

序号	误差项目	产生原因
1	程序名不正确	(1) 工作方式选择不正确； (2) 少输入字符； (3) 将数字0和字母"O"混淆

序号	误差项目	产生原因
2	程序内容输入不正确	(1) 少输入字符； (2) 将数字 0 和字母 "O" 混淆； (3) 上挡键使用不当使输入字符错误； (4) 程序段结束，末尾按 EOB 键进行换行
3	程序内容编辑不正确	(1) 工作方式选择错误； (2) 光标插入位置不当，使得增加字符位置不正确，删除字符错误； (3) 少输入字符； (4) 将数字 0 和字母 "O" 混淆； (5) 上挡键使用不当使输入字符错误
4	删除程序错误	(1) 光标定位错误； (2) 误操作； (3) 删除内部循环程序或参数

1.3 数控车床编程基础

数控编程是实施数控加工前的必须工作，数控机床没有加工程序将无法实现加工。编程的质量对加工质量和加工效率有着直接的影响。因为程序是一切加工信息的载体，操作者对机床的一切控制都是通过程序实现的。只有高质量的加工程序才能最大限度地发挥数控机床的潜能，达到数控加工应有的技术效果与经济效益。

1.3.1 编程的基本概念

零件程序的编制过程，称为数控编程。具体地说，数控编程是指根据被加工零件的图纸、技术要求和工艺要求，将零件加工的工艺顺序、工序内的工步安排、刀具相对于工件运动的轨迹与方向 (零件轮廓轨迹尺寸)、工艺参数 (主轴转速、进给量、切削深度) 及辅助动作 (变速，换刀，冷却液开、停，工件夹紧、松开等) 等，用数控系统所规定的规则、代码和格式编制成文件 (零件程序单)，并将程序单的信息制作成控制介质的整个过程。从广义上讲，数控加工程序的编制包含了数控加工工艺的设计过程。

1.3.2　编程的步骤

数控编程的主要内容包括零件几何尺寸及加工要求分析、确定加工工艺、数学处理、编制程序、程序输入与试切、加工。数控编程可按以下步骤进行:

1. **图纸工艺分析**

根据零件图纸和工艺分析,主要完成下述任务。

(1)确定加工机床、刀具与夹具。

(2)确定零件加工的工艺路线、工步顺序。

(3)确定切削用量(主轴转速、进给速度、进给量、切削深度)。

(4)确定辅助功能(换刀,主轴正转、反转,冷却液开、关等)。

2. **数值处理**

根据图纸尺寸,确定合适的工件坐标系,并以此工件坐标系为基准,完成下述任务:

(1)计算直线和圆弧轮廓的终点(实际上转化为求直线与圆弧间的交点、切点)坐标值,以及圆弧轮廓的圆心、半径等。

(2)计算非圆曲线轮廓的离散逼近点坐标值(当数控系统没有相应曲线的差补功能时,一般要将此曲线在满足精度的前提下,用直线段或圆弧段逼近)。

(3)将计算的坐标值按数控系统规定的编程单位换算为相应的编程值。

3. **编写程序单及初步校验**

根据制订的加工路线、切削用量、选用的刀具、辅助动作和计算的坐标值,按照数控系统规定的指令代码及程序格式,编写零件程序,并进行初步校验(一般采用阅读法,即对照欲加工零件的要求,对编制的加工程序进行仔细的阅读和分析,以检查程序的正确性),检查上述两个步骤的错误。

4. **制备控制介质**

将程序单上的内容,经转换记录在控制介质上(如存储在磁盘上),作为数控系统的输入信息,若程序较简单,也可直接通过 MDI 键盘输入。

5. **输入数控系统**

制备的控制介质必须正确无误,才能用于正式加工。因此要将记录在控制介质上(如存储在磁盘上)的零件程序,经输入装置输入数控系统中,并进行校验。

6. 程序的校验和试切

(1) 程序的校验。

程序的校验用于检查程序的正确性和合理性，但不能检查加工精度。利用数控系统的相关功能，在数控机床上运行程序，通过刀具运动轨迹检查程序。这种检查方法较为直观简单，现被广泛采用。

(2) 程序的试切。

通过程序的试切，在数控机床上加工实际零件以检查程序的正确性和合理性。试切法不仅可检验程序的正确性，还可检查加工精度是否符合要求。通常只有试切零件经检验合格后，加工程序才算编制完毕。

在校验和试切过程中，如发现有错误，应分析错误产生的原因，进行相应的修改，或修改程序单，或调整刀具补偿尺寸，直到加工出符合图纸规定精度的试切件为止。

1.3.3 编程方法

程序编制分为手动编程和自动编程两种。

1. 手动编程

整个编程过程由人工完成。对编程人员的要求高（不仅要熟悉数控代码和编程规则，而且还必须具备机械加工工艺知识和数值计算能力），适用于几何形状不太复杂的零件。

2. 自动编程

编程人员只要根据零件图纸的要求，按照某个自动编程系统的规定，将零件的加工信息用较简便的方式输入计算机，由计算机自动进行程序的编制，编程系统能自动打印出程序单和制备控制介质，如图 1-8 所示。适用于如下零件：

(1) 形状复杂的零件；

(2) 虽不复杂但编程工作量很大的零件（如有数千个孔的零件），虽不复杂但计算工作量大的零件（如轮廓加工时，非圆曲线的计算）。

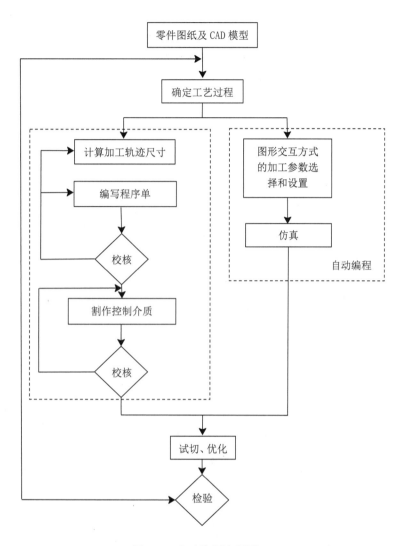

图 1-8 自动编程流程图

1.3.4 编程方式

编程方式分为绝对值编程与增量值编程。

1. 绝对值编程

以工件坐标系的原点作为起点来表示终点位置进行编程的一种方法。绝对编程时，首先设定工件坐标系，并用地址 X、Z 进行编程。

2.增量值编程

根据与前一位置的坐标值增量来表示位置的一种编程的方法。增量编程时，用 U、W 进行编程，如图 1-9 所示增量编程时终点为：U64.0 W−60.0。

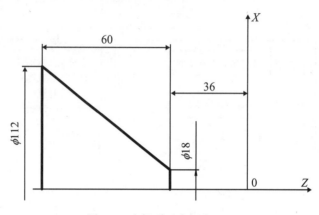

图 1-9　坐标系及坐标点

1.3.5　编程特点

1.直径编程

在车削加工的数控程序中，X 轴的坐标值取为零件图样上的直径值。如图 1-10 所示。A 点 (30，80) B 点 (40，60)。

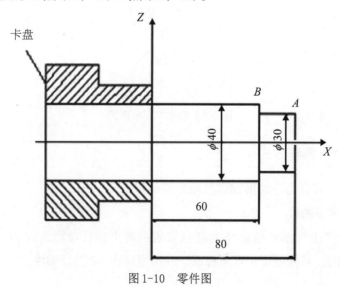

图 1-10　零件图

2.进刀和退刀方式

对于车削加工，进刀时采用快速走刀接近工件切削起点附近的某个点，再改用切削进给，以减少空走刀的时间，提高加工效率；切削起点的确定与工件毛坯余量大小有关，应以刀具快速走到该点时刀尖不与工件发生碰撞为原则，如图 1-11 所示。

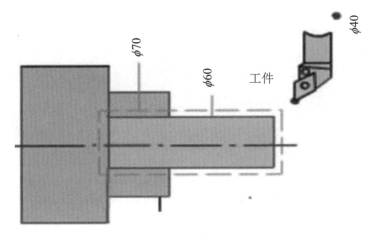

图 1-11　进刀点

加工结束时，刀具需快速退刀到换刀点。换刀点是程序开始加工或是加工过程中更换刀具的相关点。

设立换刀点的目的是在更换刀具时让刀具处于一个比较安全的区域，对刀点可在远离工件和尾座处，也可在便于换刀的任何地方，但该点与程序原点之间必须有确定的坐标关系，如图 1-12 所示。

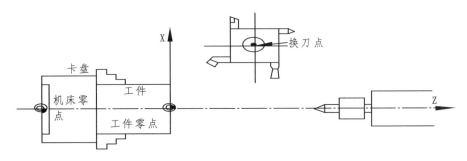

图 1-12　换刀点

1.3.6　程序的构成

一个完整的零件加工程序，由程序号（名）和若干个程序段组成，每个程序段由若干个指令字组成，每个指令字又由字母、数字、符号组成。

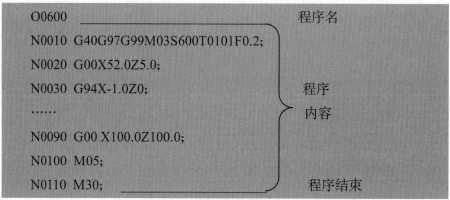

```
O0600                                           程序名
N0010  G40G97G99M03S600T0101F0.2;
N0020  G00X52.0Z5.0;
N0030  G94X-1.0Z0;                              程序
......                                          内容
N0090  G00 X100.0Z100.0;
N0100  M05;
N0110  M30;                                     程序结束
```

1. 程序名

为了区别存储器中的各个程序，每个程序都要有程序编号，在编号前采用程序编号地址码。

2. 程序内容

整个程序的核心由许多程序段组成，每个程序段由一个或若干个字组成。程序段表示数控机床为完成某一特定动作或一组操作而需要的全部指令，由它指挥数控机床运动。

程序段是一个完整的加工工步单元，它以 N（程序段号）指令开头，根据系统的不同以"EOB""%""LF"指令结尾。程序段段号可以在机床参数中设置是否生成，指令字是由字母（地址符）和其后所带的数字一起组成。

3. 程序结束

M02 或 M30。

1.3.7　程序段格式

目前，广泛采用的是 ISO 代码是国际标准化组织（International Standardization Organization）制定的数控国际标准化代码，它已被广泛应用来编写各种数控机床加工的程序。

格式: N_ G_ X_ Y_ Z_ F_ S_ T_ M_ LF

这种格式的特点：程序段中的每个指令字均以字母（地址符）开始，其后再跟符号和数字。指令字在程序段中的顺序没有严格的规定，即可以任意顺序的书写。不需要的指令字或者与上段相同的续效代码可以省略不写。因此，这种格式具有程序简单、可读性强，易于检查等优点，指令字的含义见表 1-4 所示。

表 1-4 指令字的含义

地址	功能	意义	单位
N	顺序号	程序段顺序号	—
G	准备功能	指令动作代码	—
X. Z	坐标字	坐标运动指令（绝对值）	mm
U. W	坐标字	坐标运动指令（增量值）	mm
R	坐标字	圆弧半径	mm
P	螺纹导程	螺纹切削导程指定	mm
F	进给速度	指令速度	mm / min
T	刀具功能	指定刀具偏移号	—
M	辅助功能	指定机床辅助动作	—
L	重复次数	指定固定循环次数	—
X. P	暂停	指定暂停时间	sec
D. P、L	调子程序	子程序序号	—

1.3.8 准备功能

准备功能也叫"G 功能"或"G 代码"，它是使数控机床或数控系统建立起某种加工方式的指令。G 代码由地址符 G 和其后面的两位数字组成，从 G00 ~ G99 共 100 种。G 功能根据功能的不同分成若干组，其 00 组的 G 功能（G04、G28、G29、G92）称非模态 G 功能，其余组的称模态 G 功能。模态 G 代码（续效代码）：该代码在一个程序段中被使用后就一直有效，直到出现同组中的其他任一 G 代码时才失效。非模态 G 代码（非续效代码）只在有该代码的程序段中为有效的代码。G 指令通常位于程序段中尺寸字之前。G 功能的代号已标准化，本书在后续内容中将根据加工任务逐一详细介绍。

1.3.9 辅助功能

辅助功能也叫 M 功能或 M 代码。辅助功能表示一些机床辅助动作及状态的指令,由地址码 M 和后面的两位数字表示,从 M00 ~ M99 共 100 种。M 代码指令也有续效指令与非续效指令,一个程序段中一般有一个 M 代码指令,如同时有多个 M 代码指令,则最后一个有效。此类指令是控制数控机床或数控系统的开、关功能的命令。如主轴的转向与启停,冷却液系统开、关,工作台的夹紧与松开、程序结束等。

M00——程序暂停。当执行有 M00 指令的程序段的其他指令后,主轴停止,进给停止;冷却液关断,程序停止。

M01——任选暂停。与 M00 相似,不同处在于必须在操作面板上,预先(程序启动前)按下任选停止开关按钮,使其相通,当执行 M01 指令的程序段的其他指令后程序停止。

M02——程序结束。执行该程序后,表示程序内所有指令均已完成,因此切断机床所有动作,机床复位。但程序结束后,不返回到程序开头的位置。

M03——主轴正转。

M04——主轴反转。

M05——主轴停止。

M06——刀塔转位,必须与相应的刀号结合,才构成完整的换刀指令。

M08——冷却液开。

M09——冷却液关。

M30——程序结束,在完成程序段的所有指令后,使主轴进给、冷却液停止,机床复位。

1.3.10 F 功能

F 功能用于控制切削进给量。

1. 每转进给量

编程格式: G99 F__ ; _____。

F 后面的数字表示的是主轴每转进给量,单位为 mm / r。

例: G99 F0.2 表示进给量为 0.2 mm / r。

2. 每分钟进给量

编程格式：G98 F__ ；＿＿＿＿＿＿＿＿＿＿＿＿＿＿＿＿＿。

F 后面的数字表示的是每分钟进给量，单位为 mm / min。

例：G98 F100 表示进给量为 100 mm / min。

F 指令也为模态值。在 G01、G02 或 G03 方式下，F 值一直有效。直到被新 F 值取代或被 G00 指令注销，G00 指令工作方式下的快速定位速度是各轴的最高速度，由系统参数确定与编程下无关。

1.3.11　S 功能

S 功能用于控制主轴转速。

1. 恒转速控制

编程格式：G97 S__ ；＿＿＿＿＿＿＿＿＿＿＿＿＿＿＿＿＿。

S 后面的数字表示主轴转速，s 单位为 r / min。

2. 恒线速控制

编程格式：G96 S__ ；＿＿＿＿＿＿＿＿＿＿＿＿＿＿＿＿＿。

S 后面的数字表示的是恒定的线速度：m / min。

例：G96 S150 表示切削点线速度控制在 150 m / min。

3. 限制主轴最高转速

编程格式：G50 S__ ；＿＿＿＿＿＿＿＿＿＿＿＿＿＿＿＿＿。

S 后面的数字表示主轴转速，s 单位为 r / min。

例：G50 S5000 表示限制主轴最高转速 5000 r / min。

注意：使用恒线速时，需要先限制主轴最高转速。

例：如图 1-13 所示，为保持 A、B、C 各点的线速度在 150 m / min，则各点在加工时的主轴转速分别为多少？

A：$n=1000 \times 150 \div (\pi \times 40) = 1193 (r / min)$

B：$n=1000 \times 150 \div (\pi \times 60) = 795 (r / min)$

C：$n=1000 \times 150 \div (\pi \times 70) = 682 (r / min)$

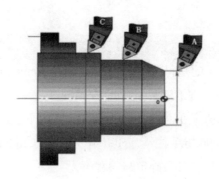

图 1-13　恒定的线速度

1.3.12　T 功能刀具功能

刀具功能也称"T 机能"，T 代码主要用来选择刀具。它也是由地址符 T 和后续数字组成，有 T2 位和 T4 位之分，具体对应关系由生产厂家确定。使用时应首先参考厂家说明书。

T 代码用于选刀，其后的 4 位数字分别表示选择的刀具号和刀具补偿号。

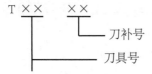

T0101 表示选择 01 号刀并调用 01 号刀具补偿值。

T0000 表示取消刀具选择及刀补选择。

当一个程序段中同时指定 T 代码与刀具移动指令，则先执行 T 代码指令选择刀具，而后执行刀具移动指令。

例：

N10　G40G97G99 S600 M03F0.2;

N20　T0202;（2 号刀具、2 号补偿）

N30　G00X52.0Z5.0;

N40　G01 Z-50.0;

N50　T0200;（2 号刀补取消）

1.4　刀具准备与测量

1.4.1　数控加工常用刀具

1. 数控加工常用刀具的种类及特点

数控加工刀具必须适应数控机床高速、高效和自动化程度高的特点，一般应包括通用刀具、通用连接刀柄及少量专用刀柄。刀柄要连接刀具并装在机床刀架上，因此已逐渐标准化和系列化。

2. 数控刀具的分类

（1）按结构分。

①镶嵌式：可分为焊接式和机夹式。机夹式根据刀体结构不同，分为可转位和不转位。

②减振式：当刀具的工作臂长与直径之比较大时，为了减少刀具的振动，提高加工精度，多采用此类刀具。

③内冷式：切削液通过刀体内部由喷孔喷射到刀具的切削刃部。

④特殊型式：如复合刀具、可逆攻螺纹刀具等。

（2）按材料分。

①高速钢刀具：高速钢通常是型坯材料，韧性较硬质合金好，硬度、耐磨性和红硬性较硬质合金差，不适于切削硬度较高的材料，也不适于进行高速切削。高速钢刀具使用前需生产者自行刃磨，且刃磨方便，适合各种特殊需要的非标准刀具。

②硬质合金刀具：硬质合金刀具切削性能优异，在数控车削中被广泛使用。硬质合金刀具有标准规格系列产品，具体技术参数和切削性能由刀具生产厂家提供。硬质合金刀片按国际标准分为三大类：P 类、M 类、K 类。

P 类——适合加工钢、长屑可锻铸铁（相当于我国的 YT 类）。

M 类——适合加工奥氏体不锈钢、铸铁、高锰钢、合金铸铁等（相当于我国的 YW 类）。

M-S 类——适合加工耐热合金和钛合金。

K 类——适合加工铸铁、冷硬铸铁、短屑可锻铸铁、非钛合金（相当于我国的 YG 类）。

K-N 类——适合加工铝、非铁合金。

K-H 类——适合加工淬硬材料。

③陶瓷刀具。

④立方氮化硼刀具。

⑤金刚石刀具。

(3) 按切削工艺分。

①车削刀具：分外圆、内孔、外螺纹、内螺纹，切槽、切端面、切端槽、切断等。

②钻削刀具，包括钻头、铰刀、丝锥等。

③镗削刀具。

④铣削刀具等。

1.4.2 机夹车刀

数控车床一般使用标准的机夹可转位刀具。机夹可转位刀具的刀片和刀体都有标准，刀片材料采用硬质合金、涂层硬质合金以及高速钢。数控车床机夹可转位刀具类型有外圆刀具、外螺纹刀具、内圆刀具、内螺纹刀具、切断刀具、孔加工刀具 (包括中心孔钻头、镗刀、丝锥等)。机夹可转位刀具夹固不重磨刀片时，通常采用螺钉、螺钉压板、杠销或楔块等结构。

常规车削刀具为方形刀体或圆柱刀杆。方形刀体一般用槽形刀架螺钉紧固方式固定。圆柱刀杆是用套筒螺钉紧固方式固定。它们与机床刀盘之间的连接是通过槽形刀架和套筒接杆来连接的。在模块化车削工具系统中，刀盘的连接以齿条式柄体连接为多，而刀头与刀体的连接是"插入快换式系统"。它既可以用于外圆车削又可用于内孔镗削，也适用于车削中心的自动换刀系统。

数控刀具与普通机床上所用的刀具相比，主要有以下特点：刚性好 (尤其是粗加工刀具)、精度高、抗振及热变形小；互换性好，便于快速换刀；寿命高，切削性能稳定、可靠；刀具的尺寸便于调整，以减少换刀调整时间；刀具应能可靠地断屑或卷屑，以利于切屑的排除；系列化标准化以利于编程和刀具管理。

为了适应数控机床对刀具耐用、稳定、易调、可换等的要求，近几年机夹式可转位刀具得到广泛的应用，在数量上达到整个数控刀具的 30 % ~ 40 %，金属切除量占总数的 80 % ~ 90 %。

1.4.3　90° 外圆车刀

90° 外圆车刀简称偏刀，按进给方向不同分为左偏刀和右偏刀两种，一般常用右偏刀。右偏刀，由右向左进给，用来车削工件的外圆、端面和右台阶。它主偏角较大，车削外圆时作用于工件的径向力小，不易出现将工件顶弯的现象，一般用于半精加工。左偏刀，由左向右进给，用于车削工件外圆和左台阶，也用于车削外径较大而长度短的零件 (盘类零件) 的端面。

1. 车刀的组成

车刀是由刀头和刀杆两部分组成。刀头是车刀的切削部分，刀杆是车刀的夹持部分。车刀的切削部分由三面、两刃和一尖组成，如图 1-14 所示。

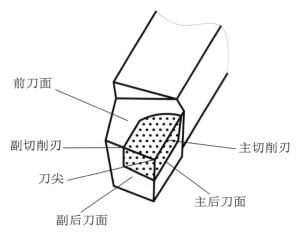

图 1-14　车刀的组成

前刀面：刀具上切屑流过的表面，也是车刀刀头的上面。

主后刀面：刀具上同前面相交形成主切削刃的后面。

副后刀面：刀具上同前面相交形成副切削刃的后面。

主切削刃：前刀面与主后刀面相交的部位，它担任主要的切削任务 (也叫主刀刃)。

副切削刃：前刀面与副后刀面相交的部位，靠近刀尖部分参加少量的切削工作。

刀尖：主切削刃和副切削刃相交的部位，为了增加刀尖的强度，改善散热条件，在刀尖处磨有圆弧过渡刃。刀尖又称"刀尖圆弧"，一般硬质合金车刀的刀尖圆弧半径 γ_ε 为 0.5 ~ 1 mm。

修光刃：副切削刃近刀尖处一小段平直的切削刃称修光刃。装刀时必须使修光刃与进给方向平行，且修光刃长度必须大于进给量才能起到修光作用。

所有车刀都有上述组成部分，但数量并不同。例如典型的外圆车刀是由三个刀面、两条切削刃和一个刀尖组成。45° 车刀就有四个刀面（两个副后刀面）、三条切削刃和两个刀尖。此外，切削刃可以是直线，也可以是曲线。如车成形面的成形刀就是曲线切削刃。

2. 车刀的角度和主要作用

（1）确定车刀角度的辅助平面。

为了确定和测量车刀的角度，需要将三个辅助平面作为基准，即切削平面、基面和截面。

切削平面是指通过切削刃上某选定点，切于工件过渡表面的平面。

基面是指通过切削刃上某选定点，垂直于该点切削速度方向的平面。

显然，切削平面和基面始终是相互垂直的。对于车削，基面一般是通过工件轴线的。

截面是指通过切削刃上某选定点，同时垂直于切削平面与基面的平面。

（2）车刀的角度和主要作用。

车刀切削部分共有 6 个独立的基本角度（前角 γ、主后角 α_0、副后角 α_0'、主偏角 κ、副偏角 κ'，和刃倾角 λ），如图 1-15 所示。两个派生角度——楔角 β 和刀尖角 ε。

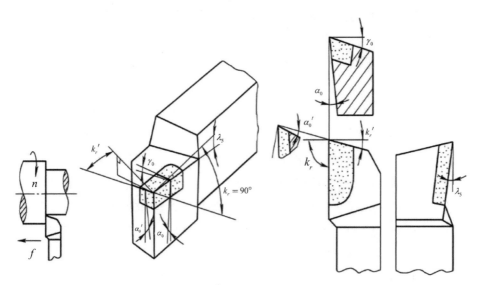

图 1-15　车刀独立的基本角度

（3）主截面内测量的角度。

前角（γ_o）：前刀面和基面内的夹角。前角影响刃口的锋利程度和强度，影响切削变形和切削力。前角增大能使车刀刃口锋利，减少切削变形，可使切削省力，并使切屑顺利排出，副前角能增加切削刃强度并耐冲击。

后角：后刀面和切削平面间的夹角。在主截面内测量的是主后角（α_o）、在副截面内测量的是副后角（α'_o）。后角的主要作用是减少车刀后刀面与工件的摩擦。

前角与后角的正、负是这样规定的：在主截面中，前刀面与切削平面间夹角小于 90° 时前角为正，大于 90° 时前角为副。后刀面与基面夹角小于 90° 时后角为正，大于 90° 时后角为负。

楔角（β_o）：在主截面内前刀面与后刀面间的夹角。它影响刀头的强度和散热性能。其值按下式计算：$\varepsilon_r = 180° - (K_r + K'_r)$

（4）在基面内测量的角度。

主偏角（K_r）：主切削刃在基面上的投影与进给运动方向间的夹角。主偏角的主要作用是改变主切削刃和刀头的受力及散热情况。

副偏角（K'_r）：副切削刃在基面上的投影与背离进给运动方向间的夹角。副偏角的主要作用是减少副切削刃与工件已加工表面的摩擦。

刀尖角（ε_r）：主切削刃和副切削刃在基面上的投影间的夹角。它影响刀尖强度和散热性能。

(5) 在切削平面内测量的角度。

刃倾角（λ_s）：主切削刃与基面间的夹角。刃倾角的主要作用是控制排屑方向，当刃倾角为负值时可增加刀头的强度和在刀受冲击时保护刀尖。

刃倾角有正值、负值和零度 3 种。当刀尖位于主切削刃的最高点时，刃倾角为正值。切削时，切屑排向工件待加工表面方向，且切屑不易擦毛已加工表面，车出的工件表面粗糙度小，但刀尖强度较差。尤其是在车削不圆整的工件受冲击时，冲击点在刀尖上，刀尖易损坏。当刀尖位于切削刃的最低点时，刃倾角为负值。切削时，切屑排向工件已加工表面方向，容易擦毛已加工表面，但刀尖强度好，在车削有冲击的工件时，冲击点先接触在远离刀尖的切削刃处，从而保护了刀尖。当主切削刃和基面平行时，刃倾角为零度。切削时，切屑基本上沿垂直于主切削刃方向排出。

3. 车刀的材料（刀头部分）

(1) 对刀具材料的基本要求。

刀具切削部分的材料应具有较高的硬度，其最低硬度要高于工件的硬度，一般要在 60 HRC 以上，硬度愈高，耐磨性愈好；应具有较高的耐热性，即刀具材料在高温下能保持较高硬度的性能；应具有足够的强度和韧性才能承受切削过程中产生的切削力和冲击力，防止产生振动和冲击，车刀才不会发生崩裂和崩刃；应具有较高的耐磨性；应具有较好的导热性；应具有良好的工艺性和经济性。

(2) 常用的车刀材料。

高速钢：含有较高比例的合金元素，如钨、钼、钴、铬等，这些元素使其具有优异的切削性能和耐热性能。高速钢的硬度更高，适用于制造钻头、铣刀等高端切削工具，热处理后硬度可达到 62～65 HRC。

硬质合金：是用碳化钨（WC）、碳化钛（TiC）和钴（Co）等材料通过粉末冶金的方法制成的合金，它具有很高的硬度，其值可达 89～90 HRA（相当于 74～82 HRC）。硬质合金车刀的红硬性高达 850～1000 ℃，即在此温度下仍能保持其正常的切削性能，但另一方面，它的韧性很差，性脆，不易承受冲击、振动且易崩刃。由于红硬温度高，故硬质合金车刀允许的切削速度高达200～300 m/min，因此，使用这种车刀，可以加大切削用量，进行高速强力切削，能显著提高生产率。虽然硬质合金车刀的韧性很差，不耐冲击，但可以制成各种形式的刀片，将其焊接在45钢的刀杆上或采用机械夹固的方式夹持在刀杆上，以提高使用寿命。综上所述，车刀的材料主要采用硬质合金，其他的刀具如钻头、铣刀等材料也广泛采用硬质合金。

除了以上两种之外，还有碳素工具钢、合金工具钢、高速钢、硬质合金及陶瓷等以下几种用刀具材料。

碳素工具钢：主要成分是碳，含有少量的硅、锰等元素，硬度较高，适用于模具制造等领域，热处理后硬度可达到61～65 HRC。

合金工具钢：在碳素工具钢中加入一定量的铬（Cr）、钨（W）、锰（Mn）等合金元素，能够提高材料的耐热性、耐磨性和韧性，同时还可以减少热处理时的变形。①9CrSi和CrWMn是最常用的高速钢；②主要性能淬火后的硬度可达61～65 HRC，红硬性为300～400 ℃，允许切削速度V_c=10～15 m/min，可制作低速、形状比较复杂、要求淬火后变形小的刀具，如板牙、拉刀、手用铰刀（孔的精加工）等。

1.4.4　车刀的刃磨

现以外圆车刀为例介绍如下，如图 1-16 所示。

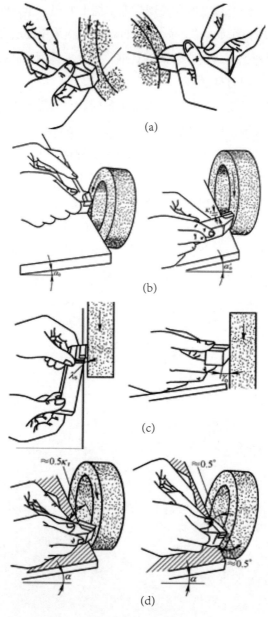

(a)

(b)

(c)

(d)

图 1-16　车刀的刃磨

1. 粗磨

磨主后面，同时磨出主偏角及主后角；磨副后面，同时磨出副偏角及副后角；磨前面，同时磨出前角。

2. 精磨

修磨前面；修磨主后面和副后面；修磨刀尖圆弧。

3. 用油石手工研磨

刃磨后的切削刃有时还不够光洁。如果用放大镜检查，可发现刃口上凹凸不平，呈锯齿形。使用这样的车刀加工工件会直接影响工件的表面粗糙度，而且也会降低车刀的使用寿命。对于硬质合金车刀，在切削过程中还容易崩刃，所以对于手工刃磨后的车刀还必须进行研磨，一般用油石进行研磨。用油石研磨车刀时，手持油石要平稳。油石要贴平需要研磨的表面再平稳移动，如图 1-17 所示。推时用力，回来时不用力。研磨后的车刀，应消除刃磨的残留痕迹，刃面表面粗糙度 R_a 为 0.32 ~ 0.16 mm。

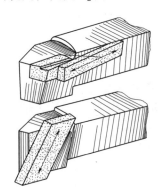

图 1-17　用油石手工研磨车刀

4. 刃磨车刀的姿势及方法

人站立在砂轮侧面，以防砂轮碎裂时，碎片飞出伤人；两手握刀的距离放开，两肘夹紧腰部，这样可以减小磨刀时的抖动；磨刀时，车刀应放在砂轮的水平中心，刀尖略微上翘 3° ~ 8°。车刀接触砂轮后应作左右方向的水平移动。当车刀离开砂轮时，刀尖需向上抬起，以防磨好的刀刃被砂轮碰伤；磨车刀的主后面时，刀杆尾部向左偏过一个主偏角的角度；磨副后面时，刀杆尾部向右偏过一个副偏角的角度；修磨刀尖圆弧时，通常以左手握车刀前端为支点，用右手转动车刀尾部。

5. 砂轮的选用

目前，常用的砂轮有氧化铝和碳化硅两类。氧化铝砂轮适用于高速钢和碳素工具钢刀具的刃磨。碳化硅砂轮适用于硬质合金车刀的刃磨。

砂轮的粗细以粒度表示，一般可分为36粒、60粒、80粒和120粒等级别。粒数愈细则表示砂轮的磨料愈细，反之愈粗。粗磨车刀应选粗砂轮，精磨车刀应选细砂轮。

1.4.5　游标卡尺

游标卡尺是工业上常用的测量长度的仪器，可直接用来测量精度较高的工件，如工件的长度、内径、外径以及深度等。

1. 游标卡尺的概述

游标卡尺作为一种被广泛使用的高精度测量工具，它是由主尺和附在主尺上能滑动的游标两部分构成，如图1-18所示。如果按游标的刻度值来分，游标卡尺又分为0.1 mm、0.05 mm、0.02 mm 三种。

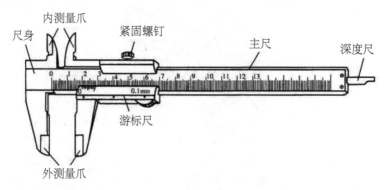

图1-18　游标卡尺

2. 游标卡尺的读数方法

以刻度值为0.02 mm 的精密游标卡尺为例，读数方法可分为三步：

（1）根据副尺零线以左的主尺上的最近刻度读出整毫米数；

（2）根据副尺零线以右与主尺上的刻度对准的刻线数乘上0.02读出小数；

（3）将上面整数和小数两部分加起来，即为总尺寸，如图1-19所示。

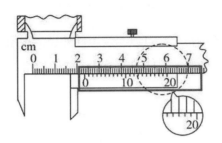

图1-19 游标卡尺的读数方法

3. 游标卡尺的使用方法

　　将上下两个量爪并拢，查看游标和主尺身的零刻度线是否对齐。如果对齐就可以进行测量，如没有对齐则要记取零误差。游标的零刻度线在尺身零刻度线右侧的叫正零误差，在尺身零刻度线左侧的叫负零误差（这种规定方法与数轴的规定一致，原点以右为正，原点以左为负）。测量时，右手拿住尺身，大拇指移动游标，左手拿待测外径（或内径）的物体，使待测物位于外测量爪之间，当与量爪紧紧相贴时，即可读数，如图1-20所示。

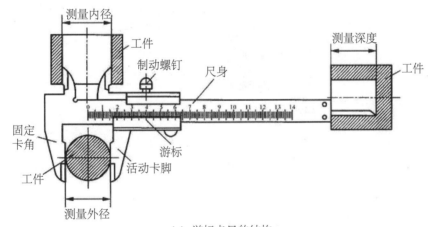

(a) 游标卡尺的结构

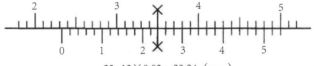

$23+12×0.02=23.24$（mm）

(b) 游标卡尺的读数方法

图1-20 游标卡尺的使用方法

4. 游标卡尺测量范围

游标卡尺的测量范围很广，可以测量工件外径、孔径、长度、深度以及沟槽宽度等。用游标卡尺测量工件的姿势和方法，如图1-21所示。

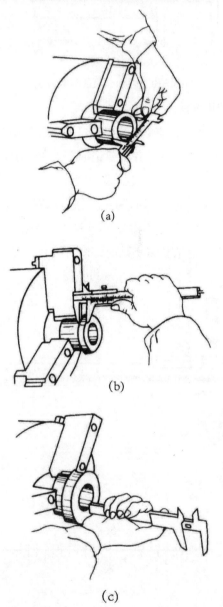

(a)

(b)

(c)

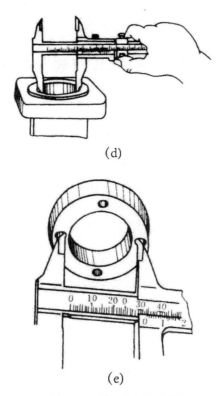

(d)

(e)

图 1-21 游标卡尺的应用

5. 使用注意事项

游标卡尺是比较精密的量具，使用时应注意如下事项。

（1）使用前，应先擦干净两卡脚测量面，合拢两卡脚，检查副尺零刻线与主尺零刻线是否对齐，若未对齐，应根据原始误差修正测量读数。

（2）测量工件时，卡脚测量面必须与工件的表面平行或垂直，不得歪斜。且用力不能过大，以免卡脚变形或磨损，影响测量精度。

（3）读数时，视线要垂直于尺面，否则读出的测量值不准确。

（4）测量内径尺寸时，应轻轻摆动，以便找出最大值。

（5）游标卡尺用完后，仔细擦净，抹上防护油，平放在盒内，以防生锈或弯曲。

1.4.6　千分尺

螺旋测微器，是一种精密的测量量具，下面将对螺旋测微器的原理、结构以及使用方法等内容进行讲解。

1.千分尺的概述

螺旋测微器又称"千分尺""螺旋测微仪""分厘卡"，是比游标卡尺更精密的测量长度的工具，用它测长度可以准确到0.01 mm，常见的千分尺的测量范围：0～25 mm；25～50 mm；50～75 mm；75～100 mm；100～125 mm。它的一部分加工成螺距为0.5 mm 的螺纹，当它在固定套管 B 的螺套中转动时，将前进或后退，活动套管和螺杆连成一体，其周边等分成50 个分格。螺杆转动的整圈数由固定套管上间隔0.5 mm 的刻线去测量，不足一圈的部分由活动套管周边的刻线去测量，最终测量结果需要估读一位小数。

2.千分尺的分类

千分尺分为机械式千分尺和电子千分尺两类，如图 1-22 所示。

（1）机械式千分尺。如标准外径千分尺，是利用精密螺纹副原理测长的手携式通用长度测量工具。1848 年，法国的 J.L. 帕尔默取得外径千分尺的专利。1869 年，美国的 J.R. 布朗和 L. 夏普等将外径千分尺制成商品，用于测量金属线外径和板材厚度。

千分尺的品种很多。通过改变千分尺测量面形状和尺架等就可以制成不同用途的千分尺，如用于测量外径的外径千分尺、测量内径的内径千分尺、测量螺纹中径的千分尺、齿轮公法线或深度等的千分尺。

（2）电子千分尺如数显外径千分尺。也叫数显千分尺，测量系统中应用了光栅测长技术和集成电路等。电子千分尺是 20 世纪 70 年代中期出现的，用于外径测量。

（a）机械式千分尺　　　　　（b）电子千分尺

图 1-22　千分尺

3. 分类介绍

外径千分尺是生产中常用的测量工具，主要用来测量工件的外尺寸，如长、宽、厚及外径尺寸，它的测量精度为 0.01 mm，其测量范围以每 25 mm 为单位进行分档。常用外径千分尺的规格有 0～25 mm、25～50 mm、50～75 mm、75～100 mm 及 100～125 mm 等。

(1) 游标读数外径千分尺：可用于普通的外径测量。

(2) 小头外径千分尺：可用于钟表精密零件的测量。

(3) 尖头外径千分尺：其结构特点是，两测量面为 45° 的锥体形的尖头。它用于测量小沟槽，如钻头、直立铣刀、偶数槽丝锥的沟槽直径及钟表齿轮齿根圆直径尺寸等。

(4) 壁厚千分尺：其结构特点是有球形测量面和平测量面及特殊形状的尺架，可用于测量管材壁厚的外径千分尺。

(5) 板厚千分尺：是指具有球形测量面、平侧两面及特殊形状的尺架，可用于测量板材厚度的外径千分尺。

(6) 带测微表头千分尺：其结构特点是由测微头代替普通外径千分尺的固定测砧。用它对同一尺寸的工件进行分选检查很方便，而且示值比较稳定。测量范围有 0～25 mm、25～50 mm、50～75 mm 和 75～100 mm 四种。它主要用于尺寸比较测量，但误差较大，易慎用。

(7) 大平面侧头千分尺：其测量面直径比较大（12.5 mm），并可以更换，故测量面与被测工件间的压强较小。可用于测量弹性材料或软金属制件，如金属箔片、橡胶和纸张等的厚度尺寸。

(8) 大尺寸千分尺：其特点是，可更换测砧或可调整测杠，这对减少千分尺数量、扩大千分尺的使用范围是有好处的。

(9) 翻字式读数外径千分尺：在微分筒上开有小窗口，显示 0.1 mm 读数。

(10) 电子数字显示式外径千分尺：是指利用电子测量、数字显示及螺旋副原理对尺架上两测量面之间分隔的距离进行读数的外径千分尺。

(11) 薄片式千分尺：可用于沟槽直径的测量，每次能够减少 5 % 的测量误差。

(12) 盘式千分尺：可用于正齿和斜齿齿轮的跨齿长度的测量。

（13）V 毡千分尺：可用于奇数丝锥，铰刀外径尺寸的测量。

（14）花键千分尺：又名"花式千分尺"，可以用齿轮槽径的测量。

（15）卡尺型内径千分尺：可用于小直径窄槽宽度的测量。

（16）螺纹千分尺：可用于螺纹有效直径的测量。

4. 千分尺的结构

外径千分尺由尺架、占座、测微螺杆、锁紧手柄、螺纹套、固定套管、微分筒、螺母、接头、测力装置、弹簧、棘轮爪、棘轮等部分组成，如图1-23 所示。

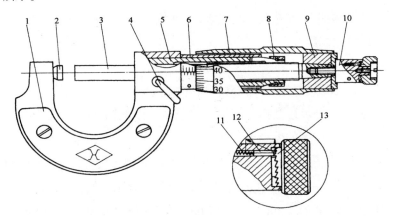

1—尺架；2—占座；3—测微螺杆；4—锁紧手柄；5—螺纹套；6—固定套管；7—微分筒；8—螺母；9—接头；10—测力装置；11—弹簧；12—棘轮爪；13—棘轮。

图 1-23　外径千分尺结构图

5. 外径千分尺的测量原理

测微螺杆上螺纹的螺距为 0.5 mm，当微分筒转动一周时，测微螺杆就轴向移动 0.5 mm，固定套筒上刻有间隙为 0.5 mm 的刻度线，微分筒圆周上均匀刻有 50 格。因此，当微分筒每转一格时，测微螺杆就移动 0.5 / 50=0.01 mm，即精度为 0.01 mm。

6. 千分尺的使用方法

（1）使用前先检查零点：缓缓转动微调旋钮 D′，使测杆（F）和测砧（A）接触，到棘轮发出声音为止，此时可动尺（活动套筒）上的零刻线应当和固定套筒上的基准线（长横线）对正，否则有零误差，如图1-24 所示。

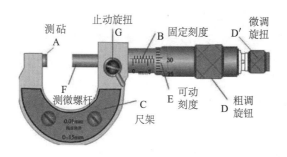

图 1-24　千分尺的校对

（2）左手持尺架（C），右手转动粗调旋钮 D，使测杆 F 与测砧 A 间距稍大于被测物，放入被测物，转动保护旋钮 D′ 到夹住被测物，直到棘轮发出声音为止，拨动止动旋钮 G 使测杆固定后读数，如图 1-25 所示。

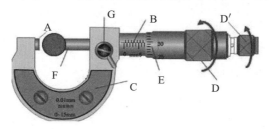

图 1-25　千分尺的测量

7.千分尺的读数方法

（1）先读固定刻度；

（2）再读半刻度，若半刻度线已露出，记作 0.5 mm；若半刻度线未露出，记作 0.0 mm；

（3）再读可动刻度（注意估读），记作 $n \times 0.01$ mm；

（4）最终读数结果为固定刻度＋半刻度＋可动刻度，如图 1-26 所示。

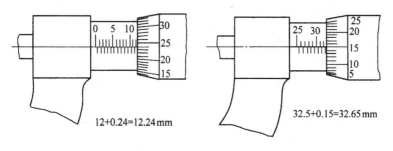

图 1-26　千分尺的读数

8.千分尺的注意事项

（1）测量时，注意要在测微螺杆快靠近被测物体时应停止使用旋钮，而改用微调旋钮，避免产生过大的压力。这样既可使测量结果精确，又能保护螺旋测微器。

（2）在读数时，要注意固定刻度尺上表示半毫米的刻线是否已经露出。

（3）读数时，千分位有一位估读数字，不能随便扔掉，即使固定刻度的零点正好与可动刻度的某一刻度线对齐，千分位上也应读取为"0"。

（4）当测砧和测微螺杆并拢时，可动刻度的零点与固定刻度的零点不相重合，将出现零误差，应加以修正，即在最后测长度的读数上去掉零误差的数值。

9.千分尺的正确使用和保养

（1）检查零位线是否准确；

（2）测量时需把工件被测量面擦干净；

（3）工件较大时应放在 V 形铁或平板上测量；

（4）测量前将测量杆和砧座擦干净；

（5）拧活动套筒时需使用棘轮装置；

（6）不要拧松后盖，以免造成零位线改变；

（7）不要在固定套筒和活动套筒间加入普通机油；

（8）用后擦净上油，放入专用盒内，置于干燥处。

1.5 数控车床的对刀

1.5.1 任务描述

以完成对刀任务的方式熟练掌握 Fanuc 0i Mate TD 数控车床面板的操作，如图 1-27 所示。

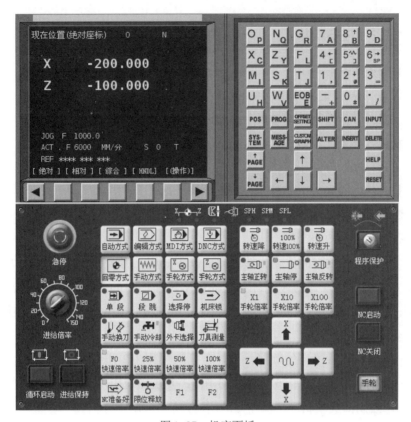

图 1-27　机床面板

1.5.2　支撑知识

刀具安装

（1）为了保证刀具的强度，在装夹刀具时，应尽量缩短刀杆伸出的长度。一般为刀具宽度的 1 ~ 1.5 倍。

（2）在装夹刀具时，要找准刀具的中心高。

（3）安装刀具时，要使刀具的主偏角 >90°，副偏角 < 90°。避免切削时发生干涉。

（4）安装刀具时，刀具的主偏角与刀尖一侧，应在刀架左侧的外面，这样可以避免在车削端面时刀杆伸出太短而无法完成车削，也可避免刀架离卡盘太近，触碰到机床限位开关。

1.5.3 任务实施

1.任务准备

设备：Fanuc 0i Mate-TD 系统数控车床

工具：卡盘扳手、刀架扳手、加力杆、刀垫

材料：45 钢（$\phi 70$ mm × 53 mm 棒料）

刀具：90° 外圆车刀

量具：0～150 mm 游标卡尺、25～50 mm 千分尺

2.练习内容

(1) 熟悉机床的结构。

(2) 熟悉各按键的位置，并能完成以下应用：① MDI 方式、编辑方式、手动方式、自动方式的应用；②主轴正反转和倍率的修调；③快速倍率的修调；④进给倍率的修调；⑤程序的建立、编辑、删除、修改、检索功能；⑥手动和自动换刀。

(3) 开机回参考点的顺序：①开启机床电源；②开启 NC 电源；③打开急停；④消除报警信息；⑤机床回参考点；⑥正确使用机床。

(4) 控制面板编辑区、操作区的用途并能正确使用。

(5) 对刀操作步骤。

Z 轴对刀过程：①将刀具和工件装夹好以后，调出 1＃刀，移动刀具，快速接近工件；②主轴正转为 500 r/min 左右；③轻车一刀端面（平止），Z 轴不动，沿 X 轴退刀；④选择刀补功能键，找到 [OFFSET SETTING] 键，选择"偏置"；在序号 001，键入"Z0"后，按操作区 [刀具测量] 键，再按功能软件里面的"测量键"；⑤ Z 轴对刀完成。

X 轴对刀过程：①主轴正转 500 r/min 左右；②轻车一刀外圆，X 轴不动，沿 Z 方向退刀，停车测量直径；③选择刀补功能键，找到 [OFFSET SETTING] 键，选择"偏置"；在序号 001，键入"测量的直径值"后，按操作区 [刀具测量] 键，再按功能软件里面的"测量键"；④ X 轴对刀完成。

3. 注意事项

（1）开机后要先回参考点。

（2）刀架接近卡盘后要降低倍率。

（3）开机前检查各功能按键、按钮是否正确。

（4）开机后先消除报警信息。

（5）关机时的操作顺序：车床归位→按下急停→关闭 NC 电源→关闭机床电源→关闭总电源。

（6）当刀具接近工件后，手动或手轮的倍率应相应地降低，否则会因倍率过快使刀具与工件产生碰撞。

（7）对刀值应输入在刀补区的补正里面。

1.5.4 任务小结

通过本任务的练习，应掌握数控车床的基本操作，为后续的练习奠定基础。

项目 2　异形轴加工

轴类零件是回转类零件，根据其结构形状不同，可分为光轴、阶梯轴、空心轴和异形轴（包括曲轴、凸轮轴和偏心轴等）。长径比小于 5 的轴称为短轴，长径比大于 20 的轴称为细长轴，大多数轴介于这两者之间。轴类零件的技术要求除尺寸精度和表面粗糙度外，还有圆度、圆柱度、直线度、同轴度、垂直度、圆跳动等几何公差要求。

【项目目标】

（1）了解简单轴类零件的数控车削工艺，会制订轴类零件的数控加工工艺；

（2）正确选择和安装刀具，掌握对刀的方法，并能进行对刀正确性的检验；

（3）合理安排数控加工工艺路线，正确选择轴类零件加工的常用切削参数；

（4）了解数控程序的基本结构，正确运用编程指令编制轴类零件的数控加工程序；

（5）掌握数控车床的操作流程，培养操作技能和文明生产的习惯；

（6）初步掌握检测量具的使用，能对轴类零件作简单的质量分析。

2.1　台阶轴加工

2.1.1　任务描述

加工如图 2-1 所示的台阶轴零件，零件毛坯为 ϕ50 mm 棒料，材料为45 钢。

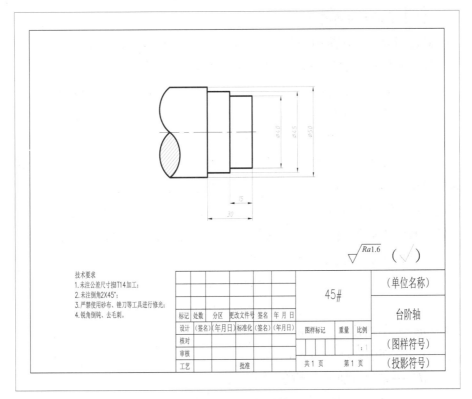

图 2-1　台阶轴零件

2.1.2　支撑知识

1. 切削三要素

切削用量又称"切削用量三要素"。包括背吃刀量（切削深度）a_p、进给量 f 和主轴转速 n（切削速度 v）选择切削用量的目的是在保证加工质量和刀具耐用度的前提下，使切削时间最短，生产率最高，成本最低。

（1）背吃刀量（a_p）的确定。

零件上已加工表面与待加工表面之间的垂直距离称为背吃刀量。背吃刀量主要由车床、夹具、刀具、零件的刚度等因素决定。粗加工时，在条件允许的情况下，尽可能选择较大的背吃刀量，以减少走刀次数，提高生产率；精加工时，通常选择较小的 a_p 值（常取 0.1～0.5 mm），以保证加工精度及表面粗糙度。

（2）进给量 f 的确定。

进给量是切削用量中一个主要参数。粗加工时，在保证刀杆、刀具、车床、零件刚度等条件的前提下，进给量选用尽可能大的 f 值；精加工时，进给量主要受表面粗糙度的限制，当表面粗糙度要求较高时，应选用较小的 f 值。粗车时进给量一般取为 0.3 ~ 0.8 mm / r，精车时，进给量常取 0.1 ~ 0.3 min。

（3）主轴转速 n 的确定。

切削速度 Vc 是车刀切削刃上某一点相对待加工表面在主运动方向上的瞬时速度，又称为"线速度"。在保证刀具的耐用度及切削负荷不超过机床额定功率的情况下选定切削速度。粗加工时，背吃刀量和进给量均较大，故选较低的切削速度；精加工时，则选较高的切削速度，见表2-1所列。

主轴转速要根据允许的切削速度 v 来选择，换算公式如下：

$$n = 1000v / (\pi d)$$

$$v = (\pi dn) / 1000$$

式中：n——主轴转速（r / min）；

v——切削速度（m / min）；

d——零件待加工表面的直径（mm）；

π——3.14(圆周率)。

表2-1　主轴转速 n 的选择

	背吃刀量 α_p	进给量 f	主轴转速 n
粗加工	大	大	低
精加工	小	小	高

2.点位控制和直线插补指令

（1）快速定位指令 G00。

表示刀具从当前点快速移动到目标点位置。

格式：G00 X（U）__ Z（W）__ ；

其中：X、Z 表示终点坐标值；U、W 表示终点相对于起点的距离及方向。

快速定位指令 G00 的走刀路线：刀具沿着各个坐标轴方向同时按参数设定的速度移动，最后减速到达终点。刀具的实际运动路线有时不是直线，而是折线。因此，要注意刀具在运动过程中是否与工件及夹具进行干涉，如

图 2-2 所示。

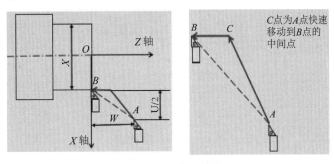

图 2-2　G00 走刀轨迹

　　例题：如图 2-3 所示，用 G00 指令编程。刀具已经到达 A 点，要求刀具从 A 点移动到 B 点。

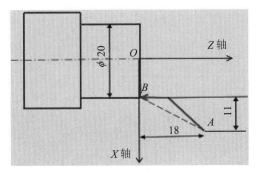

图 2-3　G00 例题

　　绝对编程：G00 X20.0 Z0;

　　相对编程：G00 U-22.0 W-18.0;

　　混合编程：G00 X20.0 W-18.0;

　　(2) 直线插补指令 G01。

　　表示刀具以 F 指定的进给速度从当前点出发，直线插补至目标点。

　　格式：G01 X (U)____ Z (W)____ F____ ;

　　其中：$X. Z$ 表示终点坐标值；$U. W$ 表示终点相对于起点的距离及方向；F 表示进给速度。

　　说明：G00、G01、F 都是模态 (续效) 指令，在程序中出现的第一个 G01 指令后必须用 F 指令规定一个进给速度值，此值一直有效，直到被指定新值。

　　直线插补指令 G01 的走刀路线，如图 2-4 所示。

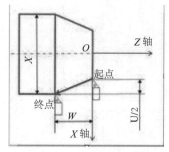

图 2-4 G01 运动轨迹

例题：如图 2-5 所示，用 G01 指令编程。要求刀具从起点移动到终点。

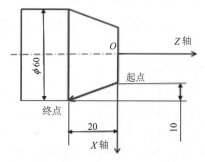

图 2-5 G01 例题

刀具从起点直线插补到终点：

绝对编程: G01 X60.0 Z0 F0.2;

相对编程: G01 U20.0 W-20.0 F0.2;

混合编程: G01 X60.0 W-20.0 F0.2。

2.1.3 指定零件的加工工艺

1. 零件结构分析

如图 2-1 所示，台阶轴零件由外圆柱面和台阶组成，本工序要求完成零件右端面和外轮廓加工。

2. 工艺分析

(1) 装夹方式采用三爪自定心卡盘夹紧。

(2) 加工顺序按由粗到精、由近到远的原则确定，结合本零件的结构特征，先加工右端面，再加工 ϕ45 mm 外圆，最后加工 ϕ40 mm 外圆。使用 G00、G01 指令编程。

3. 刀具选择

该零件结构简单，工件材料为45钢，可选择焊接或可转位90°外圆车刀，材料为YT15。指定刀具卡片见表2-2所列。

表2-2 数控加工刀具卡片

产品名称或代号			零件名称：台阶轴			零件图号	
序号	刀具号	刀具规格及名称	材质	数量	加工表面		备注
1	T01	90°外圆车刀	YT15	1	粗车外圆、端面及倒角		R0.4

4. 加工工艺卡片

以工件右端面与轴线交点为工件原点。工艺路线安排如下：

（1）车削零件右端面；

（2）车削 ϕ45 mm 外圆柱至尺寸；

（3）车削 ϕ40 mm 外圆柱至尺寸。

根据被加工表面质量要求、刀具材料和工件材料，参考切削用量手册或有关资料选取切削速度与每转进给量。制定加工工艺卡，见表2-3所列。

表2-3 数控加工工艺卡片

零件名称	台阶轴	零件图号		工件材料	45钢	
工序号	程序编号	夹具名称		数控系统	车间	
1	O4001	三爪自定心卡盘		FANUC 0i		
序号	工步内容	刀具号	主轴转速/(r/min)	进给量/(mm/r)	背吃刀量/mm	备注
1	车右端面	T01	600	0.2	1	自动
2	车 ϕ45 mm 外圆	T01	600	0.2	2.5	自动
3	车 ϕ40 mm 外圆	T01	600	0.2	2.5	自动

5. 编制数控加工程序

由于是初学者编制程序，为了使其编程思路清晰，编制程序的时候可以把任务图纸拆分成几个简单轮廓，并标出运动轨迹的各点坐标，然后再进行编程，最后整合成一个完整的程序。

（1）齐断面（如图2-6）。

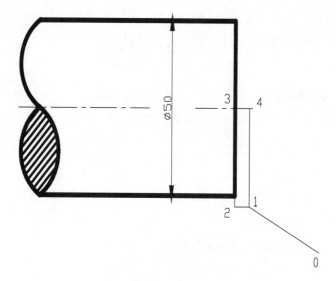

图2-6 平端面走刀轨迹

① (X52.0，Z5.0)；② (X52.0，Z0)；③ (X0，Z0)；④ (X0，Z5.0)

运动轨迹：①→②→③→④→①

（2）车 ϕ 45 mm × 30 mm 台阶（如图2-7）。

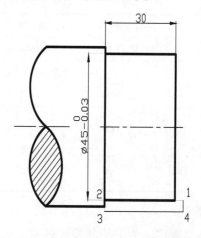

图2-7 车 ϕ 45 mm 外圆走刀轨迹

① (X45.0，Z5.0)；② (X45.0，Z-30.0)；③ (X52.0，Z-30.0)；④ (X52.0，Z5.0)

运动轨迹：①→②→③→④

（3）车 $\phi 40 \times 15$ 台阶（如图 2-8）。

图 2-8　车 $\phi 40$ mm 外圆走刀轨迹

① (X40.0, Z5.0)；② (X40.0, Z-30.0)；③ (X52.0, Z-30.0)；④ (X52.0, Z5.0) 运动轨迹：①→②→③→④

5. 参考程序（见表 2-4）：

表 2-4　参考程序 1

加工内容	程序内容	说明
程序名	O4001;	程序名为 O 4001
车端面	G97 G99 T0101 M03 S600 F0.2;	调 1 号刀，主轴正转 800 r/min, F 0.2 min/r
	G00 X52.0 Z5.0;	快速靠近工件，0～1 点
	G00 X52.0 Z0;	Z 向切削起点，1～2 点
	G01 X0 Z0;	平端面，2～3 点
	G01 X0 Z5.0;	Z 向退刀，3～4 点
	G00 X52.0 Z5.0;	X 向快速退刀，2～1 点
车 $\phi 45$ mm 外圆	G00 X45.0 Z5.0;	X 向快速定位到 $\phi 45$ mm 外圆起点，1 点
	G01 X45.0 Z-30.0;	Z 向切削到 $\phi 45$ mm 外圆终点，1～2 点
	G01 X52.0 Z-30.0;	X 向退刀，2～3 点
	G00 X52.0 Z5.0;	Z 向快速退刀，3～4 点
车 $\phi 40$ mm 外圆	G00 X40.0 Z5.0;	X 向快速定位到 $\phi 40$mm 外圆起点，1 点
	G01 X40.0 Z-15.0;	Z 向切削到 $\phi 40$mm 外圆终点，1～2 点
	G01 X52.0 Z-15.0;	X 向退刀，2～3 点

加工内容	程序内容	说明
车 $\phi 40$ mm 外圆	G00 X52.0 Z5.0;	Z 向快速退刀，3～4 点
程序结束	G00 X100.0 Z100.0;	快速退到换刀点，2～0 点
	M05;	主轴停
	M30;	程序结束

程序中 G 指令和 F 指令及坐标字具有续效性，可以省略。以上程序可以简化为表 2-5：

表 2-5 简化后的程序

程序内容	简化后	程序内容	说明
O4001;		O4001	程序名
G97G99T0101M03S600F0.2;		G97G99T0101M03S600F0.2;	程序准备
G00 X52.0 Z5.0;		G00 X52.0 Z5.0;	G00 快速定位
G00 X52.0 Z0;		Z0;	Z 轴定位
G01 X0 Z0;		G01 X0;	齐端面
G01 X0 Z5.0;		Z5.0;	Z 轴退刀
G00 X52.0 Z5.0;		G00 X52.0;	G00 快速退刀
G00 X45.0 Z5.0;		X45.0;	X 轴进刀
G01 X45.0 Z–30.0;	⟹	G01 Z–30.0;	G01 车外圆
G01 X52.0 Z–30.0;		X52.0;	X 轴退刀
G00 X52.0 Z5.0;		G00 Z5.0;	G00 快速退刀
G00 X40.0 Z5.0;		X4 0.0;	X 轴进刀
G01 X40.0 Z–15.0;		G01 Z–15.0;	G01 车外圆
G01 X52.0 Z–15.0;		X 2.0;	X 轴退刀
G00 X52.0 Z5.0;		G00 Z5.0;	G00 快速退刀
G00 X100.0 Z100.0;		G00 X100.0 Z100.0;	退刀至换刀点
M05;		M05;	主轴停止
M30;		M30;	程序结束

2.1.4 任务实施

1. 任务准备

设备: Fanuc 0i Mate-TD 系统数控车床

工具: 卡盘扳手、刀架扳手、加力杆、刀垫

材料: 45 钢 (ϕ50 棒料)

刀具: 90° 外圆车刀

量具: 0~150 mm 游标卡尺

2. 零件加工

(1) 开机回零。

(2) 安装工件并找正。

(3) 安装刀具并对刀。

①车刀安装时不宜伸出过长,刀尖高度应与机床主轴中心等高。

②确定主轴转速 S500 且使主轴正转。

③点动方式使刀具快速接近工件 (先快进后用手轮选择 X100、X10),移动刀架使刀具贴近工件端面。车削右端面,在 Z 轴不动的情况下将刀具 X 向移出,主轴停,测量工件端面距坐标系原点的 Z 向值 (精确到小数点后两位),打开刀补界面,输入 Z0,按测量软键完成 Z 向当前刀具的对刀操作。

④用手轮 (选择 X100、X10) 操作,移动刀座使刀具贴近工件外圆。切削一刀外圆,在 X 轴不动的情况下将刀具 Z 向移出,主轴停,测量工件外径 (精确到小数点后两位),打开刀补界面,输入 X 向的测量值,按测量软键完成 X 向当前刀具的对刀操作。

(4) 编辑方式,录入任务图纸加工程序。

(5) 自动方式,单段运行程序。

检查完程序,正式加工前,应进行首件试切,一般用单程序段运行工作方式进行试切。首先将工作方式选择旋钮打到"单段"方式,同时将进给倍率调低,然后按"循环启动"键,系统执行单程序段运行工作方式。加工时每加工一个程序段,机床停止进给后,都要看下一段要执行的程序,确认无误后再按"循环启动"键,执行下一程序段。要时刻注意刀具的加工状况,观察刀具、工件有无松动,是否有异常的噪声、振动、发热等,观察是否会

发生碰撞。加工时，一只手要放在急停按钮附近，一旦出现紧急情况，随时按下按钮。只有试切合格，才能说明程序正确，对刀无误。

(6) 零件检测。

自检，修整工件，去毛刺，卸件，交检。

3. 加工注意事项

(1) 装刀时，刀尖与工件中心线高平齐；

(2) 对刀前，先将工件右端端面车平；

(3) 在数控加工过程中，常会出现一些意外情况，需要及时中断程序的运行，所以加工过程中，右手放在机床控制面板上的"紧急停止"键，在比较紧急的情况下，可通过机床断电来终止运行程序。

2.1.5　任务小结

通过本任务的练习应掌握 G00、G01 指令格式及应用，能正确安装工件和刀具，掌握对刀方法和程序编制，能按照安全操作规程操作数控车床完成零件加工。

2.1.6　任务拓展

加工如图 2-9 所示零件，毛坯尺寸为 $\phi 50$ mm 棒料，零件材料为 45 钢，按要求完成下列任务：

(1) 编写刀具卡片；

(2) 编写工艺卡片；

(3) 编写加工程序单；

(4) 零件实际加工。

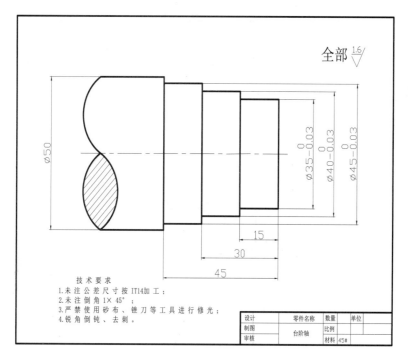

全部 $\frac{1.6}{\bigtriangledown}$

$\phi 50$

$\phi 35_{-0.03}^{0}$
$\phi 40_{-0.03}^{0}$
$\phi 45_{-0.03}^{0}$

15
30
45

技 术 要 求
1.未注公差尺寸按 IT14加工；
2.未注倒角 1× 45°；
3.严禁使用砂布、锉刀等工具进行修光；
4.锐角倒钝、去刺。

设计	零件名称		数量		单位	
制图	台阶轴		比例			
审核			材料	45#		

图 2-9 多台阶轴零件图

2.2 复杂轴加工

2.2.1 任务描述

加工如图 2-10 所示的锥度轴零件，零件毛坯为 $\phi 60$ mm 棒料，材料为 45 钢。

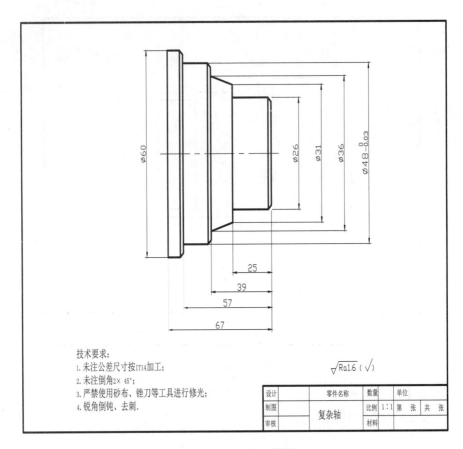

图 2-10 复杂轴零件图

技术要求：
1. 未注公差尺寸按m4加工；
2. 未注倒角2× 45°；
3. 严禁使用砂布、锉刀等工具进行修光；
4. 锐角倒钝、去刺.

$\sqrt{Ra1.6}$（$\sqrt{}$）

设计		零件名称		数量		单位	
制图		复杂轴		比例 1:1	第 张 共 张		
审核				材料			

2.2.2 支撑知识

1. 内外圆粗车复合切削循环指令 G71

内外圆粗车复合切削循环指令 G71 适用于非成型毛坯（棒料）的成型粗车。G71 是数控加工技术指令中的外圆粗车复合循环指令。该指令适合于采用毛坯为圆棒料，粗车需多次走刀才能完成的阶梯轴零件。系统根据精车轨迹、精车余量、进刀量、退刀量等数据自动计算粗加工路线，沿与 Z 轴平行的方向切削，通过多次进刀→切削→退刀的切削循环完成工件的粗加工，G71 的起点和终点相同。

粗车轮廓：精车轨迹是按精车余量（Δu、Δw）偏移后的轨迹，是执行 G71 形成的轨迹轮廓。加工轨迹的 A、B、C 点经过偏移后对应粗车轮廓的 A'、

A'、C' 点，G71 指令最终的连续切削轨迹为 B' 点到 C' 点，如图 2-11 所示。

① 从起点 A 点快速移动到 A' 点，X 轴移动 Δu、Z 轴移动 Δw；

② 从 A' 点 X 轴移动 Δd(进刀)，ns 程序段是 G0 时按快速移动速度进刀，ns 程序段是 G1 时按 G71 的切削进给速度 F 进刀，进刀方向与 A 点到 B 点的方向一致；

③ Z 轴切削进给到粗车轮廓，进给方向与 B 点到 C 点 Z 轴坐标变化一致；

④ X 轴、Z 轴按切削进给速度退刀 e（45°直线），退刀方向与各轴进刀方向相反；

⑤ Z 轴以快速移动速度退回到与 A' 点 Z 轴绝对坐标相同的位置；

⑥ 如果 X 轴再次进刀（$\Delta d+e$）后，移动的终点仍在 A' 点到 B' 点的连线中间（未达到或超出 B' 点），X 轴再次进刀（$\Delta d+e$），然后执行③；如果 X 轴再次进刀（$\Delta d+e$）后，移动的终点到达 B' 点或超出了 A' 点到 B' 点的连线，X 轴进刀至 B' 点，然后执行⑦；

⑦ 沿粗车轮廓从 B' 点切削进给至 C' 点；

⑧ 从 C' 点快速移动到 A 点，G71 循环执行结束，程序跳转到 nf 程序段的下一个程序段执行。

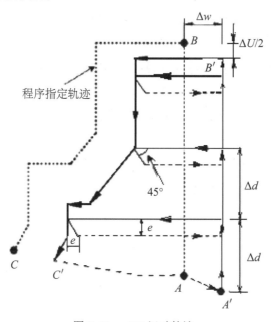

图 2-11　G71 运动轨迹

格式:

G71 U（Δd））R（e）;

G71 P（ns)Q（nf））U（Δu）W（Δw）F（f））S（s））T（t）;

N（ns）...;

…

…

…

N（nf）...;

其中: Δd 表示粗车时 X 轴的背吃刀量（半径值，无符号）; e 表示退刀量;

ns 表示精加工轮廓程序段中开始段的段号; nf 表示精加工轮廓程序段中结束段的段号; Δu 表示 X 轴的精加工余量（直径值，有符号）; Δw 表示 Z 轴的精加工余量（有符号）;

f、s、t 为粗车时的进给量、主轴转速及所用刀具。而精加工时处于 ns 到 nf 程序段之内的 F、S、T 有效。

2. 精车循环加工 G70

用于 G71、G72、G73 粗车工件后，切除粗加工中留下的余量。刀具从起点位置沿着 ns ~ nf 程序段给出的工件精加工轨迹进行精加工。在 G71、G72 或 G73 进行粗加工后，用 G70 指令进行精车，单次完成精加工余量的切削。G70 循环结束时，刀具返回到起点并执行 G70 程序段后的下一个程序段。

格式:G70 P(ns)Q(nf); 其中:ns 表示精加工轮廓程序段中开始段的段号; nf 表示精加工轮廓程序段中结束段的段号。

例题: 使用 G71、G70 指令编制如图 2-12 所示零件加工程序。毛坯为 ϕ90 mm 棒料，材料为 45 钢。

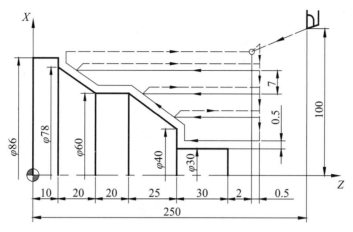

图 2-12 G71 例题

参考程序（见表 2-6）：

表 2-6 参考程序 2

程序内容	说明
O4004	程序名为 O4004
G40 G97 G98 T0101 M03 S600 F200;	调 1 号刀，主轴正转 600 r/min，F 20 mm/min
G00 X95.0 Z107.0;	快速靠近工件
G94 X0 Z105.0;	平右端面
G71 U2.0 R0.5;	粗车复合切削循环指令 G71
G71 P10 Q20 U0.5 W0.02;	
N10 G00 X30.0;	
G01 Z75.0;	
X40.0;	
X60.0 Z50.0;	
Z30.0;	精加工轮廓程序段
X78.0 Z10.0;	
X86.0;	
Z0;	
N20 X95.0;	
G70 P10 Q20;	精车复合切削循环 G70
G00 X150.0 Z250.0;	退到换刀点
M05;	主轴停
M30;	程序结束

3. 编程注意事项

（1）复合固定循环需设置一个循环起点，刀具按照数控系统安排的路径一层一层按照直线插补形式分刀车削成阶梯形状，最后沿着粗车轮廓车削一刀，然后返回到循环起点完成粗车循环。

（2）ns 程序段只能是不含 Z（W）指令字的 G00、G01 指令，否则会报警。

（3）精车轨迹（ns～nf 程序段），X 轴、Z 轴的尺寸都必须是单调变化（一直增大或一直减小）。

（4）ns～nf 程序段中，只能有 G 功能：G00、G01、G02、G03、G04、G96、G97、G98、G99、G40、G41、G42 指令；不能有子程序调用指令（如M98/M99）。

（5）在同一程序中需要多次使用复合循环指令时，ns～nf 不允许有相同程序段号。

（6）G71 指令只是完成粗车程序，虽然程序中编制了精加工程序，但只是为了定义零件轮廓，并不执行精加工程序，只有执行 G70 时才完成精车程序。

2.2.3 制定零件加工工艺

1. 零件结构分析

如图 2-10 所示，复杂轴零件由外圆柱面、圆锥面组成，本工序要求完成零件右端面加工和外轮廓加工。

2. 工艺分析

（1）装夹方式采用三爪自定心卡盘夹紧。

（2）加工顺序按由粗到精、由近到远的原则确定，结合本零件的结构特征，先加工右端面，再粗车外圆，最后精车外圆。使用 G71、G70 指令编程。

3. 刀具选择

该零件结构简单，工件材料为 45 钢，可选择焊接或可转位 90° 外圆车刀和 35° 机加外圆车刀，材料为 YT15。指定刀具卡片，见表 2-4 所列。

表 2-4　数控加工刀具卡片

产品名称或代号			零件名称：复杂轴			零件图号
序号	刀具号	刀具规格及名称	材质	数量	加工表面	备注
1	T01	90° 外圆车刀	YT15	1	外圆粗车	R0.4
2	T02	35° 外圆车刀	YT15	1	外圆精车	R0.4

4. 加工工艺卡片

以工件右端面与轴线交点为工件原点。工艺路线安排如下：

（1）车削零件右端面；

（2）粗车外圆；

（3）精车外圆至尺寸。

根据被加工表面质量要求、刀具材料和工件材料，参考切削用量手册或有关资料选取切削速度与每转进给量。制定加工工艺卡片，见表 2-5 所列。

表 2-5　数控加工工艺卡片

零件名称	复杂轴	零件图号		工件材料		45 钢
工序号	程序编号	夹具名称		数控系统		车间
1	O4007	三爪自定心卡盘		FANUC 0i		
序号	工步内容	刀具号	主轴转速/(r/min)	进给量/(mm/r)	背吃刀量/mm	备注
1	端面	T01	600	0.1	1	自动
2	粗车外圆	T01	600	0.3	2.5	自动
3	精车外圆	T02	1000	0.15	0.5	自动
4	去刺					手动

5. 编制数控加工程序

对于初学者，可以先计算基点坐标（如图 2-13），编制零件精加工轮廓，然后完成完整程序的编制。

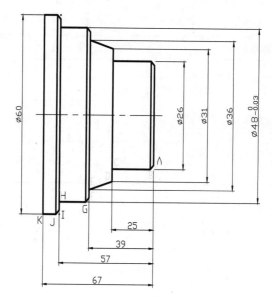

A (22, 0) B (26, -2) C (26, -26) D (31, -25) E (36, -39) F (44, -39)
G (48, -41) H (48, -57) I (56, -57) J (60, -59) K (60, -67)

图 2-13 基点坐标

精加工轮廓参考程序见表 2-6 所列:

表 2-6 参考程序 3

G00 X22.0;	X 向下刀	
G01Z0;	A 点	
X26.0 Z-2.0;	B 点	
Z-25.0;	C 点	
X31.0;	D 点	
X36.0 Z-39.0;	E 点	
X44.0;	F 点	精加工轮廓程序
X48.0 W-2.0;	G 点	
Z-57.0;	H 点	
X56.0;	I 点	
X60.0 W-2.0;	J 点	
Z-67.0;	K 点	
X75.0;	X 向退刀	

参考程序（见表2-7）：

表 2-7　参考程序 4

加工内容	程序内容	说明
程序名	O4005;	程序名为 O4005
车端面	G97 G99 T0101 M03 S600 F0.1;	调 1 号刀，主轴正转 600 s/min，F 0.1 mm/r
	G00 X75.0 Z5.0;	快速靠近工件
	G94 X0 Z0 F0.1;	平端面
粗车外圆	G71 U2.5 R0.5;	粗车复合切削循环指令 G71
	G71 P10 Q20 U0.5 W0.02 F0.3;	
	N10 G00 X22.0;	精加工轮廓程序段
	G01 Z0;	
	X26.0 Z−2.0;	
	Z−25.0;	
	X31.0;	
	X36.0 Z−39.0;	
	X44.0;	
粗车外圆	X48.0 W−2.0;	精加工轮廓程序段
	Z−57.0;	
	X56.0;	
	X60.0 W−2.0;	
	Z−67.0;	
	N20 X75.0;	
程序暂停	G00 X100.0 Z100.0;	退到换刀点
	M05;	主轴停止
	M00;	程序暂停
换精车刀平端面	G97 G99 T0202 M03 S1000 F0.15;	调 2 号刀，主轴正转 1000 r/min，F 0.15 mm/r
	G00 X52.0 Z5.0;	快速靠近工件
	G94 X0 Z0;	平端面
外圆精车	G00 X52.0 Z5.0;	快速定位精车循环起点
	G71 P10 Q20	精车复合切削循环指令 G70

加工内容	程序内容	说明
	G00 X100.0 Z100.0;	退到换刀点
结束	M05;	主轴停止
	M30;	程序结束

2.2.4 任务实施

1. 任务准备

设备：Fanuc 0i Mate-TD 系统数控车床

工具：卡盘扳手、刀架扳手、加力杆、刀垫

材料：45 钢（ϕ50 棒料）

刀具：90° 外圆车刀、35° 外圆车刀

量具：0~150 mm 游标卡尺

2. 零件加工

（1）开机回零。

（2）安装工件并找正。

（3）安装刀具并对刀。

①车刀安装时不宜伸出过长，刀尖高度应与机床主轴中心等高。

②第一把刀对刀结束后，对第二把刀。

③Z 轴：蹭一刀右端面，在 offset- 形状 - 输入 Z0-"刀具测量" - 点测量；

X 轴：车一刀外圆，主轴停，测量直径，在 offset- 形状 - 输入 X 测量值 - "刀具测量" - 点测量；

（4）编辑加工方式，并录入任务图纸。

（5）选择自动方式，单段运行程序。

（6）零件检测。

自检，修整工件，去毛刺，卸件，交检。

3. 加工注意事项

（1）在录入方式中不能执行 G71 指令，否则会报警。

（2）单人单机操作。

（3）上机床前实训服领口、袖口扣严。

（4）长发学生必须戴工作帽。

（5）加工之前关闭机床防护门。

2.2.5　任务小结

通过本任务的练习应掌握 G71、G70 指令格式及应用，简化编程；掌握对刀方法和程序的编制；能按照安全操作规程操作数控车床完成零件加工。

2.2.6　任务拓展

加工如图 2-14 所示的零件，毛坯尺寸为 ϕ 50mm 棒料，零件材料为 45 钢，按要求完成下列任务。

（1）编写刀具卡片；

（2）编写工艺卡片；

（3）编写加工程序单；

（4）零件实际加工。

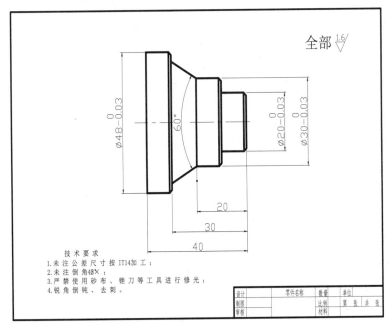

图 2-14　复杂轴零件图（二）

2.3 异形轴加工

2.3.1 任务描述

加工如图 2-15 所示的异形轴零件，零件毛坯为 ϕ 50 mm 棒料，材料为 45 钢。

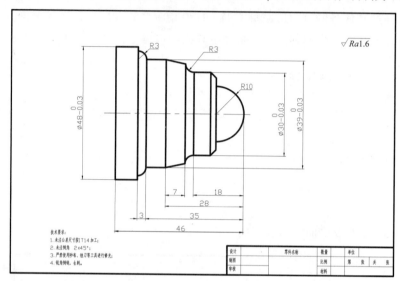

图 2-15 异性轴零件图

2.3.2 支撑知识

1. 圆弧插补指令 G02/G03

G02 为顺时针圆弧插补指令，G03 为逆时针圆弧插补指令。圆弧插补是一种插补方式。在此方式中，根据两端点间的插补数字信息，计算出逼近实际圆弧的点群，控制刀具沿这些点运动，加工出圆弧曲线。圆弧插补指令使刀具在指定的平面内按给定的进给速度 *F* 切削加工圆弧轮廓。

格式：G02 / G03 X（U）__ Z（W）__ I __ K __ F __;

G02 / G03 X（U）__ Z（W）__ R __ F __;

其中：

X、*Z* 表示圆弧的终点坐标值；

U、*W* 表示圆弧的终点相对于起点的增量值(有正负号)；

I表示圆弧起点到圆心在 X 轴方向的增量值 (有正负号);

K表示圆弧起点到圆心在 Z 轴方向的增量值 (有正负号);

R表示圆弧的半径值;

F表示进给速度 (为刀具沿着圆弧切线方向的速度);

2. 圆弧顺逆的判断原则

圆弧的顺逆方向判断原则 (如图 2-16 (a)):朝着与圆弧所在平面相垂直的坐标轴的负方向看,顺时针为 G02,逆时针为 G03。图 2-16 (b) 分别表示了车床前置刀架和后置刀架对圆弧顺方向与逆方向的判断。

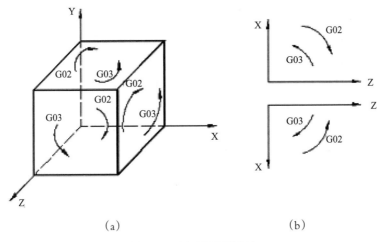

(a)　　　　　　　　　　　　(b)

图 2-16　圆弧顺逆的判定

3. 注意事项

(1) R是圆弧的半径。R既可以取正值,也可以取负值。当圆弧所对应的圆心角小于等于 180° 时,R取正值;当圆弧所对应的圆心角大于 180° 时,R取负值。

(2) 无论编程方式是绝对坐标还是增量坐标,I、K的值都为圆弧的圆心在 X、Z 轴方向上相对于起点的坐标增量 (等于圆弧的圆心坐标减去起点的坐标)。

(3) 若程序段中同时出现I、K和R,以R为优先。

(4) G02/G03 程序段结束,走非圆弧线段时,一定要加 G00 或 G01。

4. 如何保证零件尺寸精度

在实际加工过程中,并不是只要对刀精准、程序正确,就可以加工出合格零件。由于机床、工件、刀具的变形、受热、刀具的角度等因素都会影响加工尺寸，我们可以采用修改刀补法和修改程序法来控制外圆（孔）的尺寸，以达到图纸的要求。

（1）修改刀补法。

以 0 为界线，要想车出来的尺寸小，刀补为负值，反之为正。车外圆留余量刀补为正，内圆留余量刀补为负，你用的哪把刀就把刀补输到哪个刀位里面，内径 30 mm，车出来是 30.5 mm，也就是大了 0.5 mm，你就在刀补（磨损）里 X 输成 -0.5 mm，车出来就是标准的 30 mm 了。

①一次刀补法

一次刀补方法是我们在实际加工生产中通常采用的方法，具体的操作：在粗加工结束后停车测量工件，在刀补中输入需要补偿的数值，输入值＝理想值－实际测量值（理想值＝零件图纸尺寸＋精加工余量）。

例如：直径 40 mm 的外圆粗加工结束后理想值应为 40.5～40.48 mm（以精加工余量 0.5 mm 为例），然后进行精加工，达到零件图纸的要求。这种方法适用于精度要求不高，加工余量少，粗精加工的切削深度相差不大，冷却充分，机床、刀具工件刚性较好的场合。使用一把刀进行粗精车的情况。

②二次刀补法

对于加工精度要求较高，切削余量较大，机床、刀具和工件的刚性不好，粗精车产生的切削力相差较大的情况下，采用一次刀补法往往还不能保证零件的加工要求，这时我们通常采用两次修改刀补的方法。通过第一次修改刀补，消除了由于粗加工切深较大而引起的变形，从而保证第二次精加工的尺寸。

具体操作如下：在粗加工结束后停车，直接在精车刀的刀补中输入 0.5（以精加工余量 1 mm 为例），进行精加工，精加工结束后停车测量工件，在刀补中输入需要补偿的数值，输入值＝零件图纸尺寸－实际测量值（以外圆直径为 40 mm 为例，第一次精加工结束后直径 40 mm 处的理想值应为 40.5 mm），此时如测量值为 40.4 mm，说明此时误差 0.1 mm，需输入 40.5－40.4=0.1 mm，然后再进行精加工，达到零件图纸的要求。

（2）修改程序法。

在实际的加工中，由于机床的缘故，经常会出现零件前后部分外圆尺寸不一致的现象，且工件越长现象越明显，而采用修改刀补的方法是基于零件前后部分外圆尺寸偏差必须一致，这种情况下就不能保证零件的尺寸的准确。

此时我们可以采用一次刀补法结合修改程序的方法来保证零件的加工尺寸。

具体操作如下：在粗加工结束后停车，直接在刀补中输入 0.5（以精加工余量 1mm 为例），进行精加工，精加工结束后停车测量工件，根据实际测量的尺寸修改程序中各部分相应的数值，输入值 = 程序原值 +（零件图纸尺寸 − 实际值）。

以外圆直径为 43 mm 和 40 mm 为例，一次精加工后测量外圆直径为 43.55 mm 和 40.52 mm，此时采用修改刀补法则不能达到要求，我们可以在程序中将基本尺寸 43 mm 和 40 mm 修改成 42.45 mm 和 39.48 mm（以理想尺寸为 43 mm 和 40 mm 为例）进行第二次精加工，达到尺寸要求。

2.3.3　制定零件加工工艺

1. 零件结构分析

如图 2-15 所示，复杂轴零件由外圆柱面、圆锥面、圆弧和倒角组成，本工序要求完成零件外轮廓加工。

2. 工艺分析

（1）装夹方式采用三爪自定心卡盘夹紧。

（2）加工顺序按由粗到精、由近到远的原则确定，结合本零件的结构特征，先粗车外圆，后精车外圆。使用 G00、G01、G02、G03、G71、G70 指令编程。

3. 刀具选择

该零件结构简单，工件材料为 45 钢，可选择焊接或可转位 90° 外圆车刀和 35° 外圆机加精车刀，材料为 YT15。指定刀具卡片，见表 2-8 所列。

表 2-8　数控加工刀具卡片

产品名称或代号			零件名称：异形轴				零件图号
序号	刀具号	刀具规格及名称	材质	数量	加工表面	备注	
1	T01	90° 外圆车刀	YT15	1	外圆粗车	R0.2	
2	T02	35° 外圆车刀	YT15	1	外圆精车	R0.4	

4. 加工工艺卡片

以工件右端面与轴线交点为工件原点。工艺路线安排如下：

（1）粗车外圆。

（2）精车外圆至尺寸。

根据被加工表面质量要求、刀具材料和工件材料，参考切削用量手册或有关资料选取切削速度与每转进给量。制定加工工艺卡片，见表2-9所列。

表2-9　数控加工工艺卡片

零件名称	异形轴		零件图号		工件材料	45钢	
工序号	程序编号		夹具名称		数控系统	车间	
1	O4006		三爪自定心卡盘		FANUC 0i		
序号	工步内容	刀具号	主轴转速 /（r／min）	进给量 /（mm／r）	背吃刀量 / mm	备注
1	端面	T01	600	0.1	1	自动
2	粗车外圆	T01	600	0.3	2.5	自动
3	精车外圆	T02	1000	0.15	0.5	自动
4	去刺					手动

5. 编制数控加工程序

对于初学者，可以先计算基点坐标，如图2-17所示，编制零件精加工轮廓，然后编制完整加工程序。

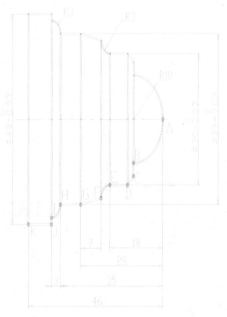

A（0，0）B（20，-10）C（26，-10）D（30，-12）E（30，-18）F（36，-31）
G（39，-28）H（39，-35）I（45，-38）J（48，-38）K（48，-46）

图2-17　基点坐标

精加工轮廓参考程序见表 2-10 所列：

表 2-10 参考程序 5

G00 X0;	X 向下刀	
G01 Z0;	A 点	
G03 X20.0 Z–10.0 R10.0;	B 点	
G01 X26.0;	C 点	
X30.0 W–2.0;	D 点	
Z–18.0;	E 点	
G02 X36.0 W–3.0 R3.0;	F 点	精加工轮廓程序
G01 X39.0 Z–28.0;	G 点	
Z–35.0;	H 点	
G03 X5.0 W–3.0 R3.0;	I 点	
G01 X48.0;	J 点	
Z–46.0;	K 点	
X52.0;	X 向退刀	

参考程序见表 2-11 所列：

表 2-11 参考程序 6

加工内容	程序内容	说明
程序名	O4006;	程序名为 O4006
车端面	G97 G99 T0101 M03 S600 F0.1;	调 1 号刀，主轴正转 600 r/min，F 0.1 mm/r
	G00 X52.0 Z5.0;	快速靠近工件
	G94 X0 Z0 F0.1;	平端面
粗车外圆 精车外圆	G00 X52.0 Z5.0;	快速定位到 G71 循环起点
	G71 U2.5 R0.5;	粗车复合切削循环指令 G71
	G71 P10 Q20 U0.5 W0.02 F0.3;	
	N10 G00 X0;	精加工轮廓程序段
	G01 Z0;	
	G03 X20.0 Z–10.0 R10.0;	
	G01 X26.0;	
	X30.0 W–2.0;	
	Z–18.0;	
	G02 X36.0 W–3.0 R3.0;	

加工内容	程序内容	说明
粗车外圆 精车外圆	G01 X39.0 Z−28.0;	精加工轮廓程序段
	Z−35.0;	
	G03 X5.0 W−3.0 R3.0;	
	G01 X48.0;	
	Z−46.0;	
	N20 X52.0;	
程序暂停	G00 X100.0 Z100.0;	退到换刀点
	M05;	主轴停止
	M00;	程序暂停
外圆精车	G97 G99 T0202 M03 S1000 F0.15;	调 2 号刀，主轴正转 1000 r/min，F 0.15 mm/r
	G00 X52.0 Z5.0;	快速定位精车循环起点
	G71 P10 Q20	精车复合切削循环指令 G70
结束	G00 X100.0 Z100.0;	退到换刀点
	M05	主轴停止
	M30	程序结束

2.3.4 任务实施

1. 任务准备

设备：Fanuc 0i Mate-TD 系统数控车床

工具：卡盘扳手、刀架扳手、加力杆、刀垫

材料：45 钢（ϕ50 棒料）

刀具：90° 外圆车刀、35° 外圆车刀

量具：0～150 mm 游标卡尺

2. 零件加工

（1）开机回零。

（2）安装工件并找正。

（3）安装刀具并对刀。

（4）编辑加工方式，并录入任务图纸、加工程序。

（5）选择自动方式，单段运行程序。

（6）零件检测。

自检，修整工件，去毛刺，卸件，交检。

3. 加工注意事项

（1）单人单机操作。

（2）上机床前实训服领口、袖口扣严。

（3）长发学生必须戴工作帽。

（4）加工中关闭机床防护门。

2.3.5 任务小结

本节主要说明圆弧插补指令 G02、G03 的使用及其功能，其目的是让学生熟悉圆弧编写格式，掌握圆弧方向的判定，能根据零件图纸要求，熟练地运用 G00、G01、G02、G03 指令编写加工程序。

2.3.6 任务拓展

加工如图 2-18 所示的零件，毛坯尺寸为 $\phi50\text{mm}$ 棒料，零件材料为 45钢，按要求完成下列任务。

（1）编写刀具卡片；

（2）编写工艺卡片；

（3）编写加工程序单；

（4）零件实际加工。

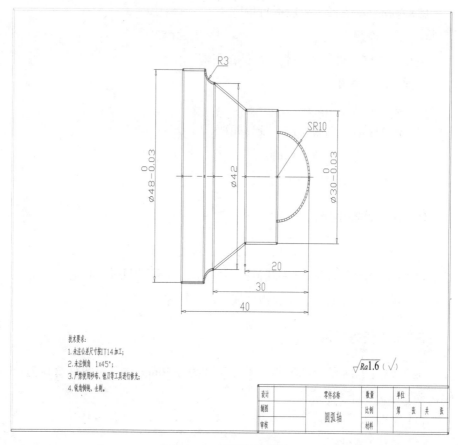

图 2-18　圆弧轴零件图

2.4　刀补的应用

2.4.1　任务描述

加工如图 2-19 所示的圆弧锥度轴零件，零件毛坯为 ϕ100 mm 棒料，材料为 45 钢。

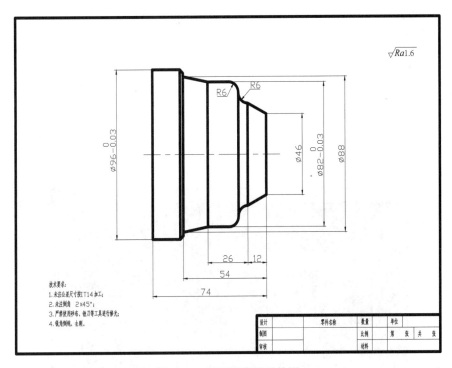

图 2-19　圆弧锥度轴零件图

2.4.2　支撑知识

1. 刀具位置补偿

数控车床刚性好，制造和对刀精度高，能方便和精确地进入人工补偿和自动补偿，所以，能加工尺寸精度要求较高的零件。在金属切削加工过程中，刀具的刀尖部分与工件接触进行切削最终形成工件的已加工表面；刀具刀尖点与工件之间的相对运动轨迹最终决定了工件的形状及尺寸。只要能有效地控制好每一把刀具的刀尖点在工件坐标系中的运动轨迹就能加工出合格的产品。所以每一把刀具刀尖点相对于工件坐标系的位置、运动轨迹是我们在编程以及切削加工过程中控制的主要对象。

刀具补偿的分类如图 2-20 所示。刀具补偿功能由程序中指定的 T 代码来实现。T 代码由字母 T 后面跟 4 位数字组成。如 T0101，其中前两位为刀具号，后两位为刀具补偿号。刀具补偿号实际上是刀具补偿寄存器的地址号，如图 2-21 所示。

刀具补偿 {
　刀具位置补偿 {
　　刀具几何偏置补偿
　　刀具磨损偏置补偿
　}
　刀尖半径补偿
}

图 2-20　刀具补偿的分类

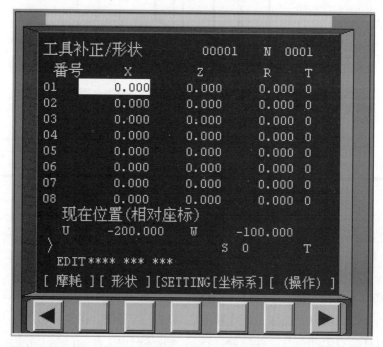

图 2-21　刀具补偿号

2. 刀具半径补偿

(1) 刀具半径补偿的目的。

数控车床按刀尖对刀，但车刀的刀尖总有一段小圆弧，所以对刀时刀尖的位置是假想刀尖 P，如图 2-22 所示。

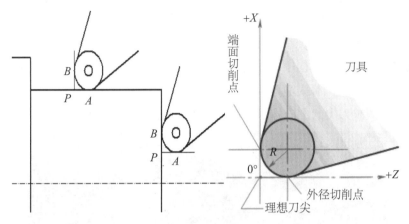

图 2-22 假想刀尖 P

用假想刀尖点编程，加工端面和外圆没有切削残留。实际切削点为刀刃圆弧的各切点，但若用假想刀尖点编程加工斜面时，在加工中出现 CDdc 部分的残留，如图 2-23 所示。同样，用假想刀尖点编程加工圆弧时，在加工也会中出现部分残留，这样就会引起加工表面的形状误差。

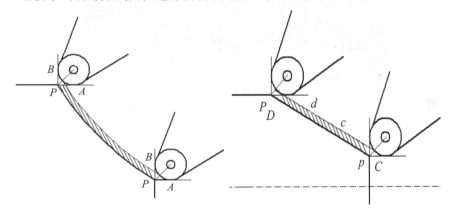

图 2-23 加工残留

在实际生产中，因为刀刃圆弧半径很小，若工件加工精度要求不高或留有精加工余量时可忽略此误差，否则应考虑刀尖圆弧半径对工件形状的影响，采用刀具半径补偿。采用刀具半径补偿功能后可按工件的轮廓线编程，数控系统会自动计算刀心轨迹并按刀心轨迹运动，从而消除了刀尖圆弧半径对工件形状的影响。

(2) 刀具半径补偿的方法。

刀具半径补偿可通过从键盘输入刀具参数，必须将这些参数输入刀具偏置寄存器中，并在程序中采用刀具半径补偿指令实现。刀具参数包括刀尖半径、假想刀尖圆弧位置。刀尖半径补偿值从 MDI 页面的补偿表中用 R 地址设置；假想刀尖的方向号由补偿表中的 T 地址设置，如图 2-24 所示。

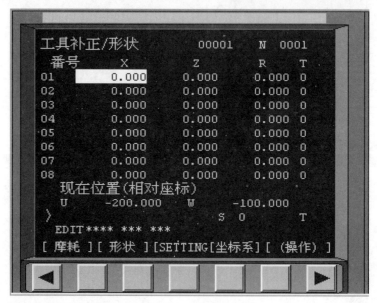

图 2-24　刀具的参数

理想刀尖的方位号如同 2-25 所示，图中箭头表示刀尖方向。如果按刀尖圆弧中心编程，则选用 0 或 9。

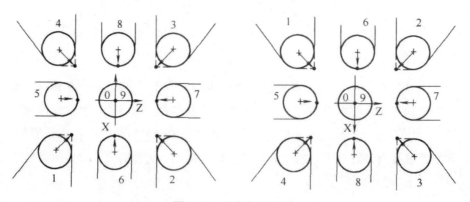

图 2-25　刀位的方位号

以后置刀架为例，刀位号如图 2-26 所示。

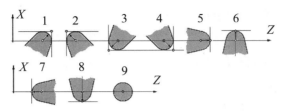

图 2-26　后置刀架刀位号

(3) 刀具半径补偿指令 G41/G42。

格式：G41/G42/G40 G00/G01 X__ Z__；

其中：G41 表示刀具半径左补偿；G42 表示刀具半径右补偿；G40 表示取消刀具半径补偿。

G41、G42、G40 均为模态指令，需在 G01 或 G00 指令状态下，通过直线运动建立或取消刀补。X（U）、Z（W）为建立或取消刀补段中刀具移动的终点坐标。刀具半径补偿应当在切削进程启动之前完成，同样，要在切削进程之后用取消。

判别原则：从虚拟 Y 轴正向朝坐标原点看图形，沿着刀具运动方向看，刀具在工件左侧用左刀补 G41，刀具在工件右侧用右刀补 G42（如图 2-27）。

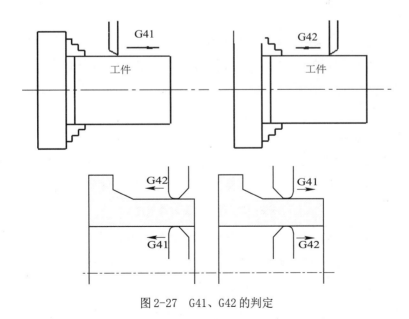

图 2-27　G41、G42 的判定

(4) 刀补的应用。

①刀尖半径补偿的建立

从 G40 方式变为 G41 或 G42 方式的程序段叫作起刀程序段。在起刀程序段中执行刀具半径补偿过渡运动。在起刀段的终点位置，刀尖中心定位于程编轨迹的垂直线上。

注意：起刀程序段不能用于零件加工。

②刀尖半径补偿的进行

刀尖圆弧中心轨迹与编程轨迹始终偏离一个刀尖半径的距离。

③刀具半径补偿的取消

刀具撤离工件，使理想刀尖轨迹的终点与编程轨迹的终点重合。它是刀补建立的逆过程。

注意：同起刀程序段一样，该程序段也不能进行零件加工。

2.4.3 制定零件加工工艺

1. 零件结构分析

如图 2-19 所示，复杂轴零件由外圆柱面、圆锥面、圆弧和倒角组成，本工序要求完成零件外轮廓加工。

2. 工艺分析

(1) 装夹方式采用三爪自定心卡盘夹紧。

(2) 加工顺序按由粗到精、由近到远的原则确定，结合本零件的结构特征，先粗车外圆，后精车外圆。使用刀具半径补偿指令 G71、G70、G41、G42 指令编程。

3. 刀具选择

该零件结构简单，工件材料为 45 钢，可选择焊接或可转位 90° 外圆车刀和 35° 机加外圆精车刀，材料为 YT15。指定刀具卡片，见表 2-12 所列。

表 2-12　数控加工刀具卡片

产品名称或代号			零件名称：圆弧锥度轴				零件图号
序号	刀具号	刀具规格及名称	材质	数量	加工表面		备注
1	T01	90° 外圆车刀	YT15	1	外圆粗车		R0.2
2	T02	35° 外圆车刀	YT15	1	外圆精车		R0.4

4. 加工工艺卡片

以工件右端面与轴线交点为工件原点。工艺路线安排如下：

（1）粗车外圆。

（2）精车外圆至尺寸。

根据被加工表面质量要求，刀具材料和工件材料，参考切削用量手册或有关资料选取切削速度与每转进给量。制定加工工艺卡片，见表2-13所列。

表2-9　数控加工工艺卡片

零件名称	圆弧锥度轴	零件图号		工件材料	45钢	
工序号	程序编号	夹具名称		数控系统	车间	
1	O4007	三爪自定心卡盘		FANUC 0i		
序号	工步内容	刀具号	主轴转速 /(r / min)	进给量 /(mm / r)	背吃刀量 / mm	备注
1	端面	T01	600	0.1	1	自动
2	粗车外圆	T01	600	0.3	2.5	自动
3	精车外圆	T02	1000	0.15	0.5	自动
4	去刺					手动

5. 编制数控加工程序（见表2-14）

表2-14　数控加工程序 1

加工内容	程序内容	说明
程序名	O4007;	程序名为 O4007
车端面	G40 G97 G99 T0101 M03 S600 F0.3;	调1号刀，主轴正转 600 r/min，F 0.1 mm/r
	G00 X102.0 Z5.0;	快速靠近工件
	G94 X0 Z0;	平端面
外圆粗车	G00 X102.0 Z5.0;	快速定位到 G71 循环起点
	G71 U2.0 R0.5;	粗车复合切削循环指令 G71
	G71 P10 Q20 U0.5 W0;	
	N10 G42 G00 X46.0;	精加工轮廓程序段
	G01 Z0;	
	X58.0 Z-12.0;	
	G02 X70.0 W-6.0 R6.0;	
	G03 X82.0 W-6.0 R6.0;	
	G01 Z-38.0;	
	X88.0 Z-54.0;	
	X92.0;	
	X96.0 W-2.0;	
	Z-74.0;	
	N20 G40 X102.0;	

加工内容	程序内容	说明
程序暂停	G00 X150.0 Z100.0;	退到换刀点
	M05;	主轴停止
	M00;	程序暂停
外圆精车	G40 G97 G99 T0202 M03 S1000 F0.15;	调2号刀，主轴正转 1000 r/min, F 0.15 mm/r
	G00 X102.0 Z5.0;	—
	G94 X0 Z0;	—
	G00 X102.0 Z5.0;	快速定位精车循环起点
	G70 P10 Q20;	精车复合切削循环指令 G70
结束	G00 X150.0 Z100.0;	退到换刀点
	M05;	主轴停止
	M30;	程序结束

2.4.4 任务实施

1. 任务准备

设备: Fanuc 0i Mate-TD 系统数控车床

工具: 卡盘扳手、刀架扳手、加力杆、刀垫

材料: 45 钢 (ϕ 50 棒料)

刀具: 90° 外圆车刀、35° 外圆车刀

量具: 0~150 mm 游标卡尺

2. 零件加工

(1) 开机回零。

(2) 安装工件并找正。

(3) 安装刀具并对刀。

(4) 编辑加工方式，并录入任务图纸、加工程序。

(5) 选择自动方式，单段运行程序。

(6) 零件检测。

自检，修整工件，去毛刺，卸件，交检。

3. 加工注意事项

(1) 刀径补偿的引入和取消应在不加工的空行程段上，且在 G00 或 G01 程序行上实施。

（2）刀径补偿引入和卸载时，刀具位置的变化是一个渐变的过程。

（3）当输入刀补数据时给的是负值，则G41、G42互相转化。

（4）G41、G42指令不要重复规定，否则会产生一种特殊的补偿。

2.4.5　任务小结

本节主要说明刀补的种类，刀补的方法以及G41、G42、G40指令介绍，其目的是保证零件加工质量。

2.4.6　任务拓展

加工如图2-28所示零件，毛坯尺寸为ϕ50 mm棒料，零件材料为45钢，按要求完成下列任务。

（1）编写刀具卡片；

（2）编写工艺卡片；

（3）编写加工程序单；

（4）零件实际加工。

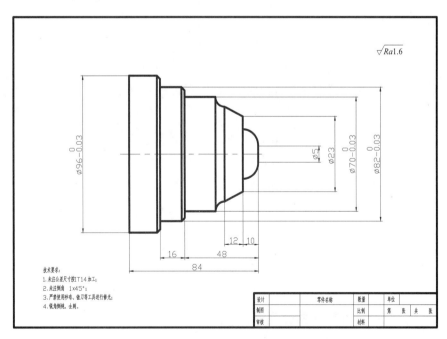

图2-28　圆弧锥度轴零件（二）

项目 3　孔类零件加工

　　在机械加工中，根据孔的结构和技术要求的不同，孔加工可采用不同的加工方法，这些方法归纳起来可以分为两类：一类是对实体工件进行孔加工，即从实体上加工出孔；另一类是对已有的孔进行半精加工和精加工。

　　非配合孔一般是采用钻削加工在实体工件上直接把孔钻出来；对于配合孔则需要在钻孔的基础上，根据被加工孔的精度和表面质量要求，采用铰削、车削、镗削、磨削等精加工的方法做进一步的加工。车削、铰削、镗削是对已有内孔进行精加工的典型切削加工方法。要实现对内孔的精密加工，主要的加工方法就是磨削。当内孔的表面质量要求很高时，还需要采用精细镗、研磨、珩磨、滚压等表面光整加工方法；对非圆孔的加工则需要采用插削、拉削以及特种加工等方法。

【项目目标】

　　(1) 了解孔类零件的车削工艺，会制定孔类零件加工工艺；

　　(2) 能正确地选择和安装刀具并完成对刀，合理选择刀具定位点和退刀点；

　　(3) 合理安排孔类零件的加工工艺，正确选择加工参数；

　　(4) 能运用编程指令，编制孔类零件的加工程序；

　　(5) 能独立完成数控车床的操作，能合理地修改参数；

　　(6) 正确使用检测量具并能够对孔类零件进行质量分析。

3.1　孔类零件的基本知识

3.1.1　孔类零件的分类

机械设计加工中，按照孔与其他零件相对连接关系的不同，可分为配合孔与非配合孔；按其几何特征的不同，可分为通孔、盲孔、阶梯孔、锥孔等；按其几何形状不同，可分为圆孔、非圆孔等。攻丝的有螺孔和底孔，浅孔和深孔，毛坯有铸孔和预留孔，等等。

盲孔指的是不通的孔。盲孔在机械加工中用于两个或者两个以上的零件的连接。为此，要在盲孔内攻丝，并需要通孔、螺栓等配合。在旋转物体（如飞轮等）中，盲孔用于动平衡。在日常生活里，盲孔用来放置（插入）细长物品，武器中的炮管、枪杆等，杯子、碗、各类坛子、箩筐、篮子等容器都是盲孔类生活用品。

通孔是指可以通过合适大小的物件或者液体的孔。通孔多用于连接，做活塞式发动机的汽缸，在泵站等的配下用于输送液体、气体、粉尘装物体等。生活中，我们所穿的衣服、裤子也是通孔应用的例子。

3.1.2　孔类零件的加工特点

由于孔加工是对零件内表面的加工，对加工过程的观察、控制的难度要比加工外圆表面等开放型表面的难度大得多。孔的加工过程主要有以下几方面的特点。

（1）孔加工刀具多为定尺寸刀具，如钻头、铰刀等，在加工过程中，刀具磨损造成的形状和尺寸的变化会直接影响被加工孔的精度。

（2）由于受被加工孔直径大小的限制，切削速度很难提高，影响加工效率和加工表面质量，尤其是在对较小的孔进行精密加工时，为达到所需的速度，必须使用专门的装置，这对机床的性能也提出了很高的要求。

（3）刀具的结构受孔的直径和长度的限制，刚性较差。在加工时，由于轴向力的影响，容易产生弯曲变形和振动，孔的长径比（孔深度与直径之比）越大，刀具刚性对加工精度的影响就越大。

（4）孔加工时，刀具一般是在半封闭的空间工作，切屑排除困难；冷却液难以进入加工区域，散热条件不好。切削区热量集中，温度较高，影响刀具的耐用度和钻削加工质量。

3.1.3　麻花钻的结构

麻花钻是常用的钻孔刀具，它由柄部、颈部、工作部分组成，如图 3-1 所示。

1. 麻花钻的构造和各部分作用

(1) 柄部。

柄部分直柄和莫氏锥柄两种。其作用是：钻削时传递切削力和钻头夹持与定心。

(2) 颈部。

直径较大的钻头一般在颈部标注商标、钻头直径尺寸和材料牌号等。

(3) 工作部分。

工作部分由切削部分和导向部分组成。两切削刃起切削作用。棱边起导向作用和减少摩擦作用。它的两条螺旋槽的作用是构成切削刃，排出切屑和进切削液。螺旋槽的表面即为钻头的前面。

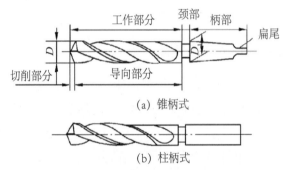

(a) 锥柄式

(b) 柱柄式

图 3-1　麻花钻各部分结构及其名称示意图

2. 麻花钻切削部分的几何形状 (如图 3-2)

(1) 螺旋槽：麻花钻的工作部分有两条螺旋槽，其作用是构成切削刃、排出切屑和流通切削液。

(2) 前面：麻花钻的螺旋槽面。

(3) 主后面：麻花钻钻顶的螺旋圆锥面。

(4) 主切削刃：前面和主后面的交线。担任主要的钻削任务。

(4) 顶角 ($2\kappa_r$)：麻花钻的两切削刃之间的夹角叫顶角。顶角的角度一般为 118°。钻软材料时可取小些，钻硬材料时可取大些。

(6) 后角 (α_o)：麻花钻的后角也是变化的，外缘处最小，靠近钻头中心处的后角最大。一般为 8° ~ 12°。

(7) 横刃：麻花钻两主切削刃的连线称为横刃，也就是两主后面的交线。它担负着钻心处的钻削任务。横刃太短会影响麻花钻的钻尖强度；横刃太长会使轴向的进给力增大，对钻削不利。

（8）横刃斜角（ψ）：横刃与主切削刃之间的夹角叫顶角，通常为55°。横刃斜角的大小随刃磨后角的大小而变化。后角大，横刃斜角减小，横刃变长，钻削时周向力增大；后角小则情况反之。

（9）棱边：也称"刃带"，既是副切削刃，也是麻花钻的导向部分。在切削过程中能保持确定的钻削方向、修光孔壁及作为切削部分的后备部分。

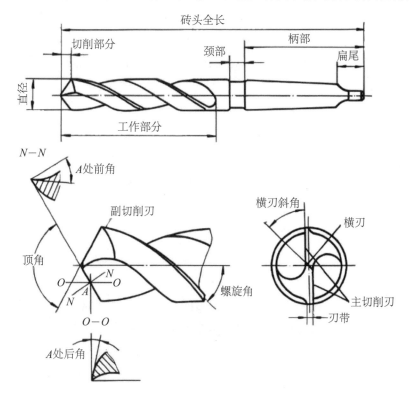

图 3-2　麻花钻切削部分的几何形状示意图

3.1.4　麻花钻的刃磨

麻花钻刃磨的好坏，直接影响钻孔质量和钻削效率。麻花钻一般只刃磨两个主后面，并同时磨出顶角、后角、横刃斜角。所以麻花钻的刃磨比较困难，刃磨技术要求较高。这里运用四句口诀来指导刃磨过程，效果较好如图3-3所示。

口诀一：刃口摆平轮面靠。这是钻头与砂轮相对位置第一步，往往有学生还没有把刃口摆平就靠砂轮上开始刃磨了。这样肯定是磨不好。这里"刃口"是主切削刃；"摆平"是指被刃磨部分主切削刃处于水平位置；"轮面"是指砂轮表面，"靠"是慢慢靠拢意思，此时钻头还不能接触砂轮。

口诀二：钻轴斜放出锋角。这里是指钻头轴心线与砂轮表面之间位置关系。"锋角"即顶角118°±2°一半，约为60°这个位置很重要，直接影响钻头顶角大小及主切削刃形状和横刃斜角。要提示学生记忆常用一块30°、60°、90°三角板中60°角度，学生便于掌握。口诀一和口诀二都是指钻头刃磨前相对位置，二者要统筹兼顾，不要摆平刃口而忽略了摆好斜角，或摆好斜角而忽略了摆平刃口。实际操作中往往会犯这些错误。此时钻头位置正确情况下准备接触砂轮。

口诀三：由刃向背磨后面。这里是指从钻头刃口开始整个后刀面缓慢刃磨。这样便于散热和刃磨。稳定巩固口诀一、口诀二的基础上，此时钻头可轻轻接触砂轮，进行较少量刃磨，刃磨时要观察火花均匀性，要及时调整压力大小，并注意钻头冷却。当冷却后重新开始刃磨时，要继续按照口诀一、口诀二摆好位置，这一点初学时往往不易掌握，常常会不由自主改变其位置正确性。

口诀四：上下摆动尾别翘。这个动作在钻头刃磨过程中也很重要，往往有学生在刃磨时把"上下摆动"变成了"上下转动"，使钻头另一主刀刃被破坏。同时钻头尾部不能高翘于砂轮水平中心线以上，否则会使刃口磨钝，无法切削。

在上述四句口诀中动作要领基本掌握基础上，要及时注意钻头后角，不能磨过大或过小。可以用一支过大后角钻头和一支过小后角钻头试钻。过大后角钻头钻削时，孔口呈三边或五边形，振动厉害，切屑呈针状；过小后角钻头钻削时轴向力很大，不易切入，钻头发热严重，无法钻削。比较、观察、反复"少磨多看"。

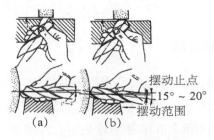

图3-3　麻花钻刃磨示意图

1. 麻花钻的刃磨要求

(1) 根据加工材料，刃磨出正确的顶角 $2K$，钻削一般中等硬度的钢和铸铁时，$2K=116°\sim118°$。

(2) 麻花钻的两主切削刃应对称，也就是两主切削刃与麻花钻的轴线成相同的角度，并且长度相等。主切削刃应成直线。

(3) 后角应适当，以获得正确的横刃斜角，一般 $\Psi=55°$。

(4) 主切削刃、刀尖和横刃应锋利，不允许有钝口、崩刃。

(5) 麻花钻的刃磨情况对钻孔质量的影响（见表 3-1）。

表 3-4　钻头刃磨对加工的影响

刃磨情况	麻花钻刃磨正确	麻花钻刃磨得不正确		
		顶脚不对称	切削刃长度不等	顶角不对称且切削刃长度不等
图示				
钻削情况	两条主切削刃同时切削，两边受力平衡，使麻花钻磨损均匀	只有一条主切削刃在切削，而另一条切削刃不起作用，受力不平衡，使麻花钻很快磨损	麻花钻的工作中心，由 $O-O$ 移到 $O'-O'$，切削不均匀，使麻花钻很快磨损	两条主切削刀刃受力不平衡，且麻花钻的工作中心由 $O-O$ 移到 $O'-O'$ 使麻花钻很快磨损
对钻孔质量的影响	钻出的孔不会扩大、倾斜或产生台阶	使钻出的孔扩大和倾斜	使钻出的孔扩大	钻出的孔不仅扩大，还会产生台阶

2. 刃磨检查

(1) 用样板检查。

(2) 目测法。

麻花钻磨好后，把钻头垂直竖在与眼等高的位置上，在明亮的背景下用眼观察两刃的长短、高低；但由于视差关系，往往感到左刃高，右刃低，此时要把钻头转过 180°，再进行观察。这样反复观察对比，最后感到两刃基本对称就可使用。如果发现两刃有偏差，必须继续修磨。

3. 注意事项

(1) 砂轮机在正常旋转后方可使用。

(2) 刃磨钻头时应站在砂轮机的侧面。

(3) 砂轮机出现跳动时应及时修整。

(4) 随时检查两主切削刃是否对称相等。

(5) 刃磨时应随时冷却，以防钻头刃口发热退火，降低硬度。

(6) 初次刃磨时，应注意外缘边出现负后角。

3.1.5　麻花钻的选用

对于精度要求不高的内孔，可用麻花钻直接钻出；对于精度要求较高的孔，钻孔后还要再经过车削或扩孔、铰孔才能完成，在选用麻花钻时应留出下道工序的加工余量。选用麻花钻的长度时，一般应使麻花钻螺旋槽部分略长于孔深；麻花钻过长则刚性差，麻花钻过短则排屑困难，也不宜钻穿孔。

3.1.6　麻花钻的安装

一般情况下直柄麻花钻用钻夹头装夹，再将钻夹头的锥柄插入尾座锥孔内，如图3-4所示；锥柄麻花钻可直接或用莫氏过渡锥套插入尾座锥孔中，或用专用工具安装，如图3-5所示。

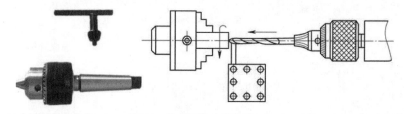

图3-4　锥柄钻夹头示意图

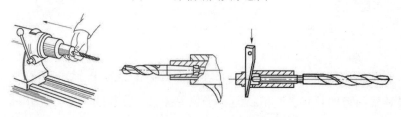

（a）锥柄麻花钻的装夹　　　　（b）锥柄麻花钻的拆卸

图3-5　锥柄麻花钻的装卸示意图

3.1.7　钻孔的方法 (如图 3-6)

(1) 钻孔前，先将工件平面车平，中心处不允许留有凸台，以利于麻花钻正确定心。

(2) 找正尾座，使麻花钻中心对准工件回转轴线，否则可能会将孔径钻大、钻偏，甚至折断麻花钻。

(3) 用细长麻花钻钻孔时，为防止麻花钻晃动，可在刀架上夹一挡铁，支顶麻花钻头部，帮助麻花钻定心。

(4) 用小直径麻花钻钻孔时，先在工件端面上钻出中心孔，再进行钻孔，这样便于定心，且钻出的孔同轴度好。

(5) 在实体材料上钻孔，孔径不大时可以用麻花钻一次钻出；若孔径较大 (超过 30 mm)，应分两次钻出。

(6) 钻盲孔与钻通孔的方法基本相同，只是钻孔时需要控制孔的深度。常用的控制方法是：钻削开始时，摇动尾座手轮，当麻花钻切削部分切入工件端面时，用钢直尺测量尾座套筒的伸出长度，钻孔时用套筒伸出的长度加上孔深来控制尾座套筒的伸出量。

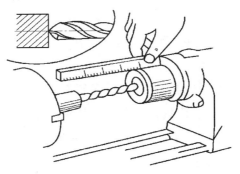

图 3-6　钻盲孔时钻孔深度的控制方法

3.1.8　切削液的选用

切削液又称"冷却润滑液"，是在车削过程中为了改善切削效果而使用的液体。在车削过程中，金属切削层发生了变形，在切屑与刀具间、刀具与加工表面间存在着剧烈的摩擦。这些都会产生很大的切削力和大量的切削热。若在车削过程中合理地使用冷却润滑液，不仅能改善表面粗糙度，减少

15 % ~ 30 % 的切削力，而且还会使切削温度降低 100 ~ 150° C，从而提高了刀具的使用寿命、劳动生产率和产品质量。

1. 切削液作用

(1) 冷却作用。

切削液能吸收并带走切削区域大量的切削热，能有效地改善散热条件、降低刀具和工件的温度，从而延长刀具的使用寿命，防止工件因热变形而产生的误差，为提高加工质量和效率创造了极为有利的条件。

(2) 润滑作用。

由于切削液能渗透到切屑、刀具和工件之间的接触面，并黏附在金属表面上，形成一层极薄的润滑膜，则可减小切屑、刀具和工件之间的摩擦，降低切削力和切削热，减缓刀具的磨损，因此有利于保证车刀刃口的锋利，提高工件表面加工质量。对于精加工加注切削液显得尤为重要。

(3) 清洗作用。

在车削过程中，加注有一定压力和充足流量的切削液，能有效地冲走黏附在加工表面和刀具上的微小切屑及杂质，减少刀具磨损，提高工件表面粗糙度。

2. 切削液的种类

车削常用切削液有乳化液和切削油两大类。

(1) 乳化液。

乳化液是用乳化油加 15 ~ 20 倍的水稀释而成，主要起冷却作用。其特点是黏度小、流动性好、比热大，能吸收大量的切削热，但因其中水分较多，故润滑、防锈性能差。若能加入一定量的硫、氯等添加剂和防锈剂，可提高润滑效果和防锈能力。

(2) 切削油。

切削油的主要成分是矿物油，少数采用动物油或植物油，主要起润滑作用。这类切削液的比热小，黏度较大，散热效果稍差，流动性差，但润滑效果比乳化液好。

3. 切削液的选用

切削液的种类繁多，性能各异，在车削过程中应根据工件性质、工艺特点、工件和刀具材料等具体条件来合理选用。

（1）根据加工性质选用。

①粗加工：为降低切削温度、延长刀具使用寿命，在粗加工中应选择冷却作用为主的乳化液。

②精加工：为了减少切屑、工件与刀具件的摩擦，保证工件的加工精度和表面质量，应选用润滑性能较好的极压切削油或高浓度极压乳化液。

③半封闭式加工：如钻孔、铰孔和深孔加工时，刀具处于半封闭状态，排屑、散热条件均非常差。这样不仅容易使刀具退火、刀刃硬度下降、刀刃磨损严重，而且严重地拉毛了加工表面。

为此，需选用黏度较小的极压乳化液或极压切削油，并加大切削液的压力和流量，这样一方面进行冷却、润滑，另一方面可将部分切屑冲刷出来。

（2）根据材料选用。

①一般钢件，粗车时，选乳化液；精车时，选硫化油。

②车削铸件、铸铝等脆性金属，可选润滑性好、黏度较小的煤油或7%～10%的乳化液；

③车削有色金属或铜合金时，不宜采用含硫的切削液，以免腐蚀工件。

④车削镁合金时，不能用切削液，以免燃烧起火。必要时，可用压缩空气冷却。

⑤车削难加工材料，如不锈钢、耐热钢等，应选用极压切削油或极压乳化液。

（3）根据刀具选用。

①高速钢刀具：粗加工选用乳化液；精加工钢件时，选用极压切削油或浓度较高的极压乳化液。

②硬质合金工具：为了避免刀片因骤冷或骤热而产生崩裂，一般不使用冷却润滑液。

3.1.9　常用量具

1. 内径百分表

百分表是利用机械结构将测杆的直线移动，经过齿条齿轮传动放大，转变为指针在圆刻度盘上的角位移，并由刻度盘进行读数的指示式量具，常用的刻度值为 0.01 mm，百分表不能单独使用，通过表架将其夹持后使用。它不仅用于测量，还可以用于某些机械设备的定位读数装置。

内径百分表测量孔径是一种相对的测量方法。测量前应根据被测孔径的尺寸大小，在千分尺或环规上调整好尺寸后才能进行测量。所以在内径百分表上的数值是被测孔径尺寸与标准孔径尺寸之差。它的测量范围分为：10~18、18~35、35~50、50~100、100~160、160~250、250~450。

(1) 百分表检查 (如图3-7)。

①检查外观

检查表蒙是否透明，不允许有破裂和脱落现象，后封盖要封得严密，测量杆、测头、装夹套筒等活动部位不得有锈迹，表圈转动应平稳，静止要可靠。

②检查指针灵敏度

推动测量杆，测量杆的上下移动应平稳、灵活，无卡住，指针与表盘不得有摩擦，字盘无晃动等现象。

③检查稳定性

推动侧杆2~3次，观察指针是否回到原位，其允许误差不大于±0.003 mm。

(2) 正确的测量方法 (内径百分表)。

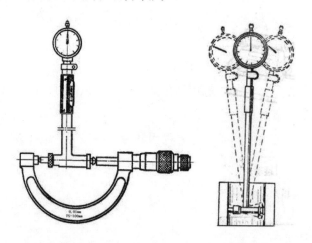

(a) 用外径百分尺调整尺寸　　(b) 用环规调整尺寸

图3-7　百分表检查示意图

准备过程：

①首先根据被测孔径的公称尺寸，选择内径百分表的测量范围。

②把百分表的装夹套筒擦净，小心地装进表架的弹性卡头中，并使表的指针转过半圈左右（0.5 mm），俗称"压表"，用锁母紧固弹性卡头，将百分表锁住。注意，拧紧锁母时，用力适中，以防止将百分表的套筒卡变形。

③根据被测孔径的公称尺寸，选取一个相应尺寸的可换测头，并装到表杆上，其伸出的长度可以调节，用卡尺调整到两测头（活动测量头）之间的长度尺寸比被测孔径的公称尺寸大 0.5 mm 左右，并紧固可换测头。

④根据被测量尺寸，选取校对环规（当没环规时，也可以用外径千分尺），校对百分表的"0"位。

校对"0"位的方法，如图 3-8 所示。首先分别将测头、定位护桥和环规的工作面擦净后用手按动几次活动测头，检查百分表的灵敏度和示值变动量。符合要求时即可进行校对"0"位操作。然后用左手握住表杆手柄部位，右手按下定位护桥，把活动测头压下，放入环规内。活动测头放入环规内后，前后摆动手柄将固定侧头压入校对环规内，摆动几次找出指针的拐点（即百分表指针旋转方向变化的那一点）。再转动百分表刻度盘，使"0"线与指针的"拐点"处重合。最后再摆动几次表杆，以确定"0"位是否已校对准确。

（3）测量操作。

测量时，操作内径百分表的方法与校对其"0"位的方法相同，把测头放入被测孔内后（注：用左手指将活动测量头压下，放入被测孔内），轻轻前后摆动几次，观察指针的拐点位置。如果指针恰好在"0"位处拐回，则说明被测孔径与校对环规的孔径相等，当指针顺时针（俗称：升表）方向转动超过"0"位时，则说明被测孔径小于校对环规的孔径。当指针逆时针（俗称：降表）方向转动未到"0"位，则说明被测孔径大于校对环规的孔径。

测量时，用环规校对的"0"位刻线是读数的基准。指针的拐点位置，不是在"0"位的左边，就是在"0"位的右边，读数时要认真仔细，不要把正、负值搞错。

图 3-8　百分百校对 "0" 位的方法

①孔的圆度测量：如果要测量孔的圆度，应在孔的同一径向截面内的几个不同方向上测量。

②孔的圆柱度测量：如果要测量孔的圆柱度，应在孔的几个径向截面内（上、中、下）测量。

③误差值：所测量的最大读数值与最小读数值之差的一半，即为圆度及圆柱度误差。

(4) 保养。

百分表或内径百分表在使用时，按动其活动测量头用力不能过大，在使用过程中，不得使灰尘、油污、水等进入百分表或内径百分表的手柄、主体内，不用时放置到安全位置，决不允许与刀具及其他物品堆放在一起，用毕擦净后，放入盒内的固定位置，在干燥的地方保存。

2. 三点内径千分尺 (如图 3-9)

三点内径千分尺，也称为 "三爪内径千分尺"，是测量内孔直径的量具，因为测量头能伸出三个接触点或测量爪而得名。可分为机械三点内径千分尺和电子三点内径千分尺。其特点是测量精度高（0.001 mm），并能测量通孔和盲孔（不通孔）的零件内孔直径。三点内径千分尺一般配有接长杆，可测量深孔直径。

三点内径千分尺比较有名而且常用的品牌主要包括青量、日本三丰/Mitutoyo、桂林可立德/Qualitot、上量。而国内量具知名的生产企业成量和哈量等厂家并不生产三点内径千分尺，因为生产技术和工艺要求太高。三点内径千分尺常用的测量范围有 3～1000 mm，也就是说能测量 3～1000 mm 的内孔直径。但因为精度要求高（0.001 mm），所以这个测量范围需要有很多把三点内径千分尺来完成测量。三点内径千分尺有以下常用规格：3～4 mm；4～5 mm；3～6 mm；6～8 mm；8～10 mm；10～12 mm；12～14 mm；14～16 mm；

16～20 mm；20～25 mm；23～30 mm；30～40 mm；40～50 mm；50～63 mm；62～75 mm；73～88 mm；87～100 mm；100～150 mm；150～250 mm；200～500 mm；200～1000 mm。

备注：3～4 mm、4～5 mm、3～6 mm这三个规格的三点内径千分尺因为规格太小，已经无法做到三个接触点，所以通常是二点或二爪；国产的最小规格只能生产3～4 mm，而日本三丰能生产到2～2.5 mm、2.3～3 mm。测量范围为2～6 mm的两点内径千分尺用于测量小孔，无接长杆。

目前，市场上有3～6 mm、6～12 mm、20～50 mm、50～100 mm规格的三点内径千分尺。这是将多把尺子共放一个箱子和共用接长杆组成的套尺，规格明细如下。3～6 mm是由3～4 mm、4～5 mm、3～6 mm的3把尺子组成的套尺；6～12 mm是由6～8 mm、8～10 mm、10～12 mm的3把尺子组成的套尺；20～50 mm是由20～25 mm，23～30 mm、30～40 mm，40～50 mm，4把尺子组成的套尺；50～100 mm是由50～63 mm、62～75 mm、73～88 mm、87～100 mm的4把尺子组成的套尺。

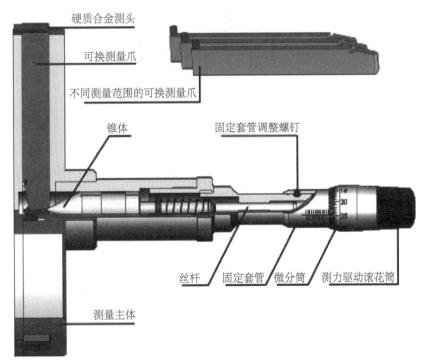

图3-9　100～300 mm三点内径千分尺的组成

（1）用途。

三点内径千分尺主要用于盲孔和通孔的精密测量，配有接长杆，可用于深孔的测量口。

（2）调零。

使用之前，用软布或者软纸擦净测量面和校对环规的内孔，用校对环规校对零位。若千分尺的读数与校对环规所标数值不一致，用如下方法调整零位，松开调整螺钉，转动固定套管，直至千分尺的读数与校对环规所标数值一致，锁紧调整螺钉。测量深孔时，用扳子松开测量头和轴套，在测量头和轴套间拧上接长杆，用上述方法重新调整零位。

（3）读数方法。

千分尺最小读数为 0.001 mm 和 0.005 mm 两种。

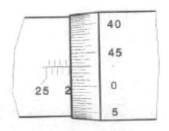

图 3-10　千分尺读数

如图 3-10 所示，读数为 20.97 mm。图中最小读数为 0.005 mm。

（4）注意事项。

测量时，使用三点内径千分尺测力装置，避免冲击；不要任意拆卸千分尺各零件；保持千分尺的干净整洁；长期不用时，洗净，涂防锈油，放入包装盒内。

3.2　直孔加工

3.2.1　任务描述

加工如图 3-11 所示的套类零件，零件毛坯为 $\phi 50 \times 200$ mm，材料为 45 钢。

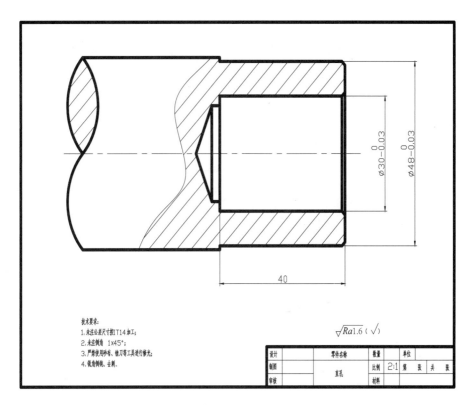

技术要求:
1. 未注公差尺寸按IT14加工;
2. 未注倒角 1×45°;
3. 严禁使用砂布、锉刀等工具进行修光;
4. 锐角倒钝、去刺。

$\sqrt{Ra1.6}$ ($\sqrt{}$)

设计		零件名称		数量		单位	
制图		直孔		比例	2:1	第 张	共 张
审核				材料			

图 3-11   直孔零件

3.2.2　支撑知识

不论锻孔、铸孔或经过钻孔的工件,一般都很粗糙,必须经过车削或铣削等加工后才能达到图样的精度要求。内孔需要内孔车刀,其切削部分基本上与外圆车刀相似,只是多了一个弯头而已。

1. 内孔刀分类

根据刀片和刀杆的固定形式,内孔刀分为整体式内孔刀和机夹式内孔刀。

(1)整体式内孔车刀一般分为高速钢和硬质合金两种。高速钢整体式内孔车刀、刀头、刀杆都是高速钢制成,如图 3-12 所示。硬质合金整体式内孔车刀,只是在切削部分焊接上一块合金刀头片,其余部分都是用碳素钢制成,如图 3-13 所示。

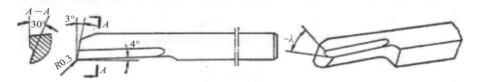

图 3-12　高速钢整体式内孔车刀

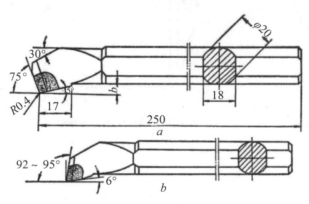

图 3-13　硬质合金整体式内孔车刀

（2）机夹内孔车刀由刀杆、刀片、紧固螺钉组成。其特点是减少刀具刃磨时间，节约刀杆材料，既可安装硬质合金刀头，也可安装特殊材质刀头。使用时可根据孔径选择刀杆，因此比较灵活方便，如图 3-14 所示。

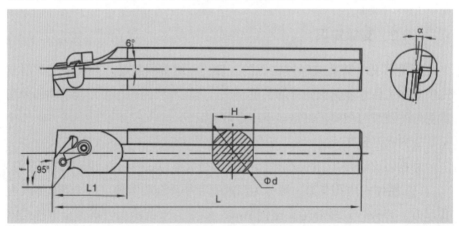

图 3-14　机夹内孔车刀

（3）通孔车刀其主偏角取 45°～75°，副偏角取 10°～45°，后角取 8°～12°为了防止后面跟孔壁摩擦，也可磨成双重后角。

（4）盲孔车刀其主偏角取 90°~93°，副偏角取 3°~6°，后角取 8°~12°。前角一般在主刀刃方向刃磨，对纵向切削有利。在轴向方向磨前角，对横向切削有利，且精车时，内孔表面比较。如图 3-5 所示。

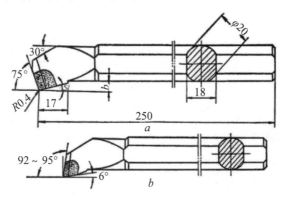

图 3-15　通孔车刀与盲孔车刀的几何角度

2. 内孔车刀的刃磨

（1）刃磨步骤。

①粗磨前面；②粗磨主后面；③粗磨副后面；④粗、精磨前角；⑤精磨主后面、副后面；⑥修磨刀尖圆弧。

（2）注意事项。

①刃磨卷屑槽前，应先休整砂轮边缘处成为小圆角；②卷屑槽不能磨得太宽，以防车削孔时排屑困难；③刃磨时注意戴防护眼镜。

3. 内孔刀对刀

以工件右端面与轴线交点为工件原点，建立工件坐标系（采用试切对刀建立）。

Z 轴：将刀具和工件装夹好以后，调出 3# 刀，移动刀具快速接近工件，主轴正转为 500 r/min 左右，轻靠端面（见掉削止），Z 轴不动，沿 X 轴退刀；选择刀补功能键，找到"刀偏"，选择"补正"；在序号 003 键入"Z0"，按操作区"刀具测量"键，再按"测量"键 Z 轴对刀完成。

X 轴：主轴正转为 500 r/min 左右，轻车一刀内孔，X 轴不动，沿 Z 方向退刀，停车，测量直径，选择刀补功能键，找到"刀偏"，选择"补正"，在序号 003 键入"X+测量直径"，按操作区"刀具测量"键，按"测量"键。X 轴对刀完成。

4.钻孔时切削用量的选择

(1) 切削深度 (a_p)

钻孔时的切削深度是钻头直径的1/2，扩孔、铰孔时的切削深度为 $a_p=D-d/2$。

(2) 切削速度 (V_c)

钻孔时的切削速度是指麻花钻主切削刃外缘处的线速度：

$$V_c = \frac{\pi d n}{1000}$$

式中：V_c——切削速度 (m/min)；

D——钻头的直径 (mm)；

n——主轴转速 (r/min)。

用高速钢麻花钻钻钢料时，切削速度一般选 V_c=15～30 m/min；钻铸件时 V_c=7～90 m/min；扩孔时切削速度可略高一些。

(3) 进给量 (F)

在车床上钻孔时，工件转一周，钻头沿轴向移动的距离为进给量。在车床上是利用手慢慢转动尾座手轮来实现进给运动的。进给量太大会使钻头折断，用直径为 12～15 mm 的麻花钻钻钢料时，F 选 1.15～0.35 mm/r；钻铸件时，进给量略大些，一般选 F=0.15～0.4 mm/r。

【例】用直径为 25 mm 的麻花钻钻孔，工件材料为 45 钢，若车床主轴转速为 400 r/min，求背吃刀量 q_p 和切削速度 V_c。

解：根据公式，钻孔时的背吃刀量为

$$a_p = \frac{d}{2} = \frac{25}{2} = 12.5 \, \text{mm}$$

根据公式，钻孔时的切削速度为

$$v_c = \frac{\pi d n}{1000} = \frac{3.14 \times 25 \times 400}{1000} 3.14 \, \text{m/min}$$

5.钻孔注意事项

(1) 起钻时进给量要小，等钻头头部进入工件后方可正常钻削；

(2) 当钻头要钻穿工件时，由于钻头横刃首先穿出，因此轴向阻力大减，所以这时进给速度必须减慢。否则钻头容易被工件卡死，损坏机床和钻头；

（3）钻小孔或深孔时，由于切屑不易排出，必须经常退出钻头排屑，否则容易因切屑堵塞而使钻头"咬死"；

（4）钻小孔转速应选得高一些，否则钻削时抗力大，容易产生孔位偏斜和钻头折断；

（5）钻削前，应先试钻，以免造成废品。

6.钻孔时切削液的选用

对切削液的要求：使用一般的麻花钻钻孔，属于粗加工，钻削时排屑困难，切削热不易导出，往往造成刀刃退火，影响钻头使用寿命及加工效率。选用性能好的切削液，可以使钻头的寿命延长数倍甚至更多，生产率也可明显提高。一般选用极压乳化液或极压合成切削液。极压合成切削液表面张力低，渗透性好，能及时冷却钻头，对延长刀具寿命，提高加工效率十分有效。对于不锈钢、耐热合金等难切削材料，可选用低黏度的极压切削油，见表3-2所列。

表3-2 钻孔时切削液的选用

麻花钻的材料	被钻削的材料		
	低碳钢	中碳钢	淬硬钢
高速钢麻花钻	用1%~2%的低浓度乳化液、电解质水溶液或矿物油	用3%~5%的中等浓度乳化液或极压切削油	用极压切削油
硬质合金麻花钻	一般不用，如果用可选3%~5%的中等浓度乳化液		用10%~20%的高浓度乳化液或极压切削油

3.2.3 制定零件加工工艺

1.零件结构分析

如图3-12所示，直孔零件由外圆柱面、内圆柱面及倒角组成，本工序要求完成零件各内、外轮廓加工。

2.工艺分析

（1）装夹方式采用三爪自定心卡盘夹紧。

（2）加工顺序按由内到外、由粗到精、由近到远的原则确定，在一次装夹中尽可能加工出较多的工件表面。结合本零件的结构特征，夹住零件的左端，加工零件右端，加工顺序依次是钻孔、车外圆、车内孔。零件轮廓主要由内孔、外圆和倒角组成，适合采用 G90、G94、G00 和 G01 指令加工。

3. 刀具选择

该零件结构简单，工件材料为45钢，可选择焊接或可转位90°外圆车刀、内孔车刀，材料为 YT15。指定刀具卡片，见表3-3所列。

表3-3 数控加工刀具卡片

产品名称或代号			零件名称：直孔零件			零件图号	
序号	刀具号	刀具规格及名称	材质	数量	加工表面	备注	
1	T01	90° 外圆车刀	YT15	1	外圆、端面及倒角	R0.2	
2	T02	内孔车刀	YT15	1	内孔及倒角	R0.8	
3	T03	ϕ 25 钻头	高速钢	1	钻孔		

4. 加工工艺卡片

以工件右端面与轴线交点为工件原点。工艺路线安排如下：

（1）钻孔，ϕ 25 × 42 mm；

（2）车外圆，保 ϕ 48 至尺寸；

（3）车削内孔，保 ϕ 30 内圆柱至尺寸。

根据被加工表面质量要求，刀具材料和工件材料参考切削用量手册或有关资料选取切削速度与每转进给量。制定加工工艺卡片，见表3-4所列。

表3-4 数控加工工艺卡片

零件名称	直孔零件	零件图号		工件材料	45钢	
工序号	程序编号	夹具名称		数控系统	车间	
1	05001 ~ 05002	三爪自定心卡盘		FANUC 0i		
序号	工步内容	刀具号	主轴转速 /(r / min)	进给量 /(mm / r)	背吃刀量 / mm	备注
1	钻孔	T04	200			手动
2	车削外圆	T01	800	0.2	2	自动
3	车削内孔	T02	800	0.15	2	自动

5. 编制数控加工程序

（1）加工外圆（见表 3-5）

表 3-5　数控加工程序 1

加工内容	程序内容	说明
程序名	O5001	程序名为 O5001
粗车外圆	G40 G97 G99 T0101 M03 S800 F0.15;	调 1 号刀，主轴正转 800 r/min，F 0.15 mm/r
粗车外圆	G00 X52.0 Z5.0;	快速靠近工件
粗车外圆	G94 X20.0 Z0;	G94 齐端面
粗车外圆	G00 X52.0 Z5.0;	快速靠定位
粗车外圆	G90 X48.5 Z-40.0;	粗车 ϕ 48 外圆，留 0.5 mm 精车余量
精车外圆	G00 X52.0 Z5.0;	快速定位到刀具起始点
精车外圆	G94 X20.0 Z0;	G94 齐端面
精车外圆	G00 X52.0 Z5.0;	快速靠定位
精车外圆	X44.0	快速定位到倒角 X 轴起点位置
精车外圆	G01 Z0;	车削到 Z 轴起点位置
精车外圆	X48.0 Z-2.0;	车削倒角
精车外圆	Z-40.0;	车削 ϕ 48 外圆保尺寸
精车外圆	X52.0;	X 轴退刀到 ϕ 52 退出工件
精车外圆	G00 X100.0 Z100.0;	快速退到换刀点
结束	M05;	主轴停
结束	M30;	程序结束

（2）加工内孔（见表 3-6）

表 3-6　数控加工程序 2

加工内容	程序内容	说明
程序名	O5002	程序名为 O5002
车内孔	G40 G97 G99 T0202 M03 S800 F0.15;	调 2 号刀，主轴正转 800 r/min，F 0.15 mm/r
车内孔	G00 X23.0 Z5.0;	快速靠近工件
车内孔	G90 X29.5 Z-40.0;	粗车 ϕ 30 内圆，留 0.5 mm 精车余量

加工内容	程序内容	说明
程序名	O5002	程序名为 O5002
车内孔	G00 X34.0;	快速定位到倒角 X 轴起点位置
	G01Z0;	车削到 Z 轴起点位置
	X30.0 Z−2.0;	车削倒角
	Z−40.0;	车削 ϕ 30 内孔保尺寸
	X23.0;	X 向退刀
	G00 Z5.0;	Z 向快速退刀
	G00 X100.0 Z100.0;	快速退到换刀点
结束	M05;	主轴停
	M30;	程序结束

3.2.4 任务实施

1. 任务准备

设备：Fanuc 0i Mate-TD 系统数控车床

工具：卡盘扳手、刀架扳手、加力杆、刀垫

材料：45 钢（ϕ 50 × 200 mm 棒料）

刀具：90° 外圆车刀、内孔车刀、ϕ 25 mm 钻头

量具：0 ~ 150 mm 游标卡尺、25 ~ 50 mm 千分尺、18 ~ 35 mm 内径百分百

2. 零件加工

（1）开机回零。

（2）安装工件并找正。

工件装夹在自定心卡盘上，三爪加持，装夹要牢固。

（3）安装刀具并对刀。

加工内孔时为了防止产生震动，在刀具上建议做到在选用和刃磨刀具时尽量增加刀杆的截面积；在装夹刀具时尽量减少刀杆伸出的长度；刀尖高度应与机床主轴中心等高，刀具安装如图 3-17 所示。

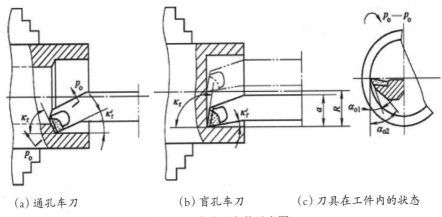

（a）通孔车刀　　　　　（b）盲孔车刀　　　　（c）刀具在工件内的状态

图 3-17　内孔刀安装示意图

（4）数控加工与精度控制。

首件加工应单段运行，通过机床控制面板上的"倍率选择"按钮调整加工参数，然后自动运行加工。

加工过程中，各尺寸精度都要保证在公差范围之内，程序暂停时对加工尺寸检测，如出现误差可以采用刀补修正法进行修改。

（5）零件检测。

自检，修整工件，去毛刺，卸件，交检。

3. 加工注意事项

（1）对刀时，刀具接近工件过程中，进给倍率要小，以免产生撞刀现象。

（2）内孔刀安装时，主切削刃轴心线要平行。检查内孔刀的刀杆是否与工件发生干涉。

（3）首件加工时，尽可能采用单步运行，程序准确无误后，再采用自动方式加工，避免意外事故发生。

（4）车内孔时，X 轴退刀方向与车外圆相反，注意避免刀背面碰撞工件。

（5）控制内圆尺寸时，刀具磨损量的修改与外圆加工相反。

（6）换刀点（100.0，100.0），此距离不能太小，防止换刀过程中刀具碰到工件。

3.2.5　任务小结

通过本任务的练习应掌握直孔零件的编程指令格式及应用和常用量具

的测量方法以及刀的选用、安装，其目的是通过本节课的学习掌握直孔零件的编程、加工和检验方法。

3.2.6 任务拓展

加工如图3-18所示零件，毛坯尺寸为 $\phi 50 \times 200 \text{ mm}$ ，零件材料为45钢，按要求完成下列任务。

(1) 编写刀具卡片。

(2) 编写工艺卡片。

(3) 编写加工程序单。

(4) 零件实际加工。

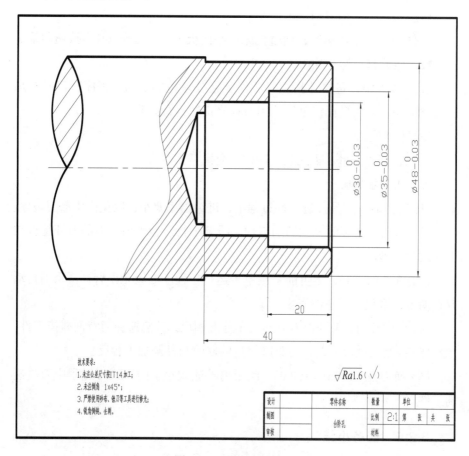

图 3-18 台阶孔零件图

项目 4　槽类零件加工

　　槽类零件加工是数控加工的重要内容之一，轴类零件外螺纹一般都带有退刀槽、砂轮越程槽等，套类零件内螺纹也常常带有内沟槽。切断与车外直沟槽相类似，不同的是要将槽一直切到工件中心，故对切槽刀要求更高。

【项目目标】

　　(1) 了解槽类零件的车削工艺，会制定槽类零件加工工艺；

　　(2) 能正确地选择和安装刀具并完成对刀，合理选择刀具定位点和退刀点；

　　(3) 合理安排槽类零件的加工工艺，正确选择加工参数；

　　(4) 能运用编程指令，编制槽类零件的加工程序；

　　(5) 能独立完成数控车床的操作，能合理地修改参数；

　　(6) 正确使用检测量具并能够对槽类零件进行质量分析。

4.1　槽类零件的基本知识

4.1.1　槽类零件的分类

　　槽类零件包括外沟槽、内沟槽、端面槽等，如图 4-1 所示。常见的外槽形状有矩形、梯形和圆弧形，如图 4-2 所示。矩形槽的作用通常是使所装配的零件有正确的轴向位置（即轴向定位），在磨削、车螺纹、插齿等加工过程中便于退刀；梯形槽是安装 V 形带的沟槽；圆弧槽是用作滑轮和圆带传动的带轮沟槽。

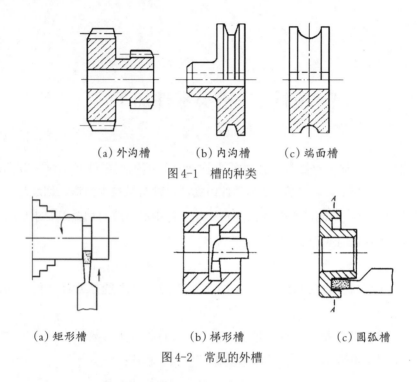

（a）外沟槽　　　　（b）内沟槽　　　（c）端面槽

图4-1　槽的种类

（a）矩形槽　　　　　（b）梯形槽　　　　　（c）圆弧槽

图4-2　常见的外槽

4.1.2　槽加工特点

1. 切削变形大

当切槽时，由于切槽刀的主切削刃和左、右副切削刃同时参加切削，切屑排出时，受到槽两侧的摩擦、挤压作用，切削变形大。

2. 切削力大

由于切屑与刀具、工件的摩擦，切槽过程中被切金属的塑性变形大，所以在切削用量相同的条件下，切槽时的切削力比一般车外圆时的切削力大20%~25%。

3. 切削热比较集中

切槽时，塑性变形大，摩擦剧烈，故产生的切削热也多，会加剧刀具的磨损。

4. 刀具刚性差

切槽刀刀头宽度较窄，一般为3~5 mm，刀头狭长，所以刀具的刚性差，切断过程中容易产生扎刀、振动甚至断刀现象。

4.1.3　切槽刀具

目前，广泛采用的切槽刀材料一般有高速钢和硬质合金两类。其中，硬质合金以高硬度、耐磨性好、耐高温等特性，在高速切削的数控加工中得到了广泛的应用。

数控加工中，常用焊接式和机夹式切槽(断)刀，刀片材料一般为硬质合金或硬质合金涂层刀片。切槽刀前端为主切削刃，两侧为副切削刃，有两个刀尖，刀头窄又长，强度较差。切槽刀有 8 个独立的角度，分别是：一个主偏角、一个主后角、两个副后角、两个副偏角、一个前角和一个刃倾角。硬质合金外切断(槽)刀的几何角度如图 4-3 所示。切槽刀主刀刃与两侧副刀刃之间应对称平直。

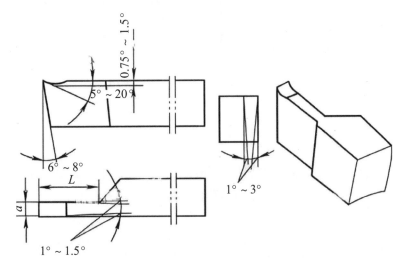

图 4-3　切槽刀角度

1.切槽刀和切断刀刀头长度的确定

(1)切槽刀刀头长度：$L =$ 槽深 $+ (2 \sim 3)$ mm

(2)切断刀刀头长度：①切断实心材料：$L = D/2 + (2 \sim 3)$ mm

②切断空心材料：$= h + (2 \sim 3)$ mm

其中：L——切槽刀刀头长度；

　　　D——被切断工件直径；

　　　H——被切断工件壁厚。

2. 切槽刀、切断刀的选择

切槽刀以横向进给为主，前端的切削刃为主切削刃，两侧的切削刃为副切削刃。一般主切削刃较窄，因此刀体强度较差，在选择刀体的几何角度参数和切削用量时要注意切槽刀的强度问题。

车矩形槽和切断的主要区别是车槽是在工件上车出所需形状和大小的沟槽，切断是把工件分离开来，如图 4-4 所示。切断时，为了防止切下的工件留的小台阶，以及带孔的工件不留有边缘，可以将主切削刃稍微磨斜一些。由于切屑和工件槽宽相同，容易将切屑堵塞在槽内，可将主切削刃磨成"人字形"，这样切出的两条切屑宽之和就与槽宽相等，避免了切屑堵塞槽，也避免了与工件槽的摩擦。

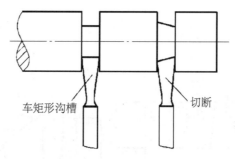

图 4-4　车槽和车断的主切削刃和工件素线关系示意图

切断刀的刃磨要求：刃磨切断刀时，必须保证两个副后角平直、对称；在两个刃尖处各磨一个小圆弧，以增加刀尖的强度。

（1）外切槽刀。

主切削刃的宽度（a）：主切削刃太宽会因切削力太大而产生振动，同时浪费材料，太窄又会削弱刀体强度，因此，主切削刃的宽度可用下面的经验公式计算

$$a = (0.5 \sim 0.6) \sqrt{d}$$

式中：a——主切削刃宽度（mm）；

　　　d——工件待加工表面直径（mm）。

刀体长度（L）：刀体太长容易引起切削时的振动甚至使刀体折断，刀体长度可用下式计算

$$L = H + (2 \sim 3) \text{ mm}$$

式中：L——刀体长度（mm）；

　H——背吃刀量（mm）。

（2）内切槽刀。

内切槽刀与外切槽刀的几何形状相似，区别只是在内孔中切槽。

4.1.4　切槽方法

①对于宽度、深度值不大且公差要求不高的槽，可采用与槽等宽的刀具直接切入一次成形的方法加工，如图 4-5 所示。刀具切入槽底后可利用延时指令 G04 使刀具暂时停留以修整槽底圆度。退刀时可采用 G01 指令。

②宽槽的切削。通常把大于一个切槽刀宽度的槽称为宽槽，宽槽的宽度、深度等精度要求及表面质量要求相对较高。在切削宽槽时常采用排刀的方式进行粗切，然后用精切槽刀沿槽的一侧切至槽底，精加工槽底至槽的另一侧，再沿侧面退出，切槽方式如图 4-6 所示。

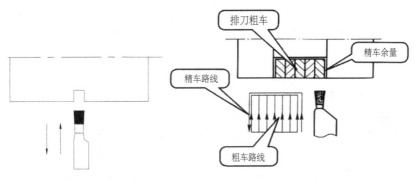

图 4-5　简单槽的加工轨迹　　　　　图 4-6　宽槽的加工轨迹

③梯形槽的加工。对于梯形槽，应先切出槽底并在直径和槽底宽度上留有余量，然后再从大外圆处向槽底倾斜切削，如图 4-7 所示。注意不能从槽底倾斜退刀，以防止车刀折断或发生事故。

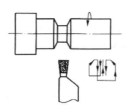

图 4-7　梯形槽的加工轨迹

4.1.5 切断方法

1. 用直进法切断工件

直进法是指垂直于工件轴线方向切断。这种切断方法切断效率高，但对车床刀具刃磨装夹有较高的要求，否则容易造成切断刀的折断。

2. 左右借刀法切断工件

在切削系统（刀具、工件、车床）刚性等不足的情况下可采用左右借刀法切断工件。这种方法是指切断刀在径向进给的同时，车刀在轴线方向反复地往返移动直至工件切断。

3. 反切法切断工件

反切法是指工件反转，车刀反装。这种切断方法易用于较大直径工件。其优点是反转切断时作用在工件上的切削力与主轴重力方向一致向下，因此主轴不容易产生上下跳动，切断工件比较平稳；切屑从下面流出不会堵塞在切削槽中，因此能比较顺利地切削。但必须指出在采用反切法时卡盘与主轴的连接部分必须有保险装置，否则卡盘会因倒车而脱离主轴产生事故。

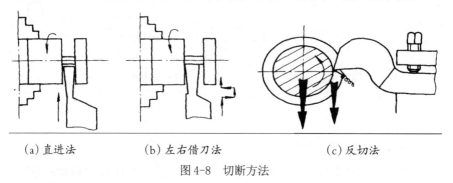

(a) 直进法   (b) 左右借刀法   (c) 反切法

图 4-8　切断方法

4.1.6 检验方法

精度较低的外沟槽，一般采用钢直尺和卡钳测量。精度要求较高的外槽，可用千分尺、样板和游标卡尺等检测，如图 4-9 所示。

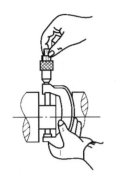  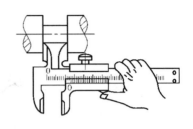

（a）千分尺测量外槽直径（b）样板测量外槽宽度（c）游标卡尺测量外槽宽度

图 4-9　精度要求较高的外槽测量方法

4.1.7　槽加工技术要求

对沟槽加工的技术要求主要有以下几个方面：

（1）尺寸公差等级通常为 IT8 级；

（2）形位公差等级为 IT8；

（3）表面粗糙度值应达到 3.2 μm。

除了常规的尺寸精度和表面粗糙度要求外，对沟槽加工的技术有形状位置等要求：①平行槽底外圆母线与工件轴心线必须平行；②垂直两个槽壁与工件轴心线必须垂直；③清角槽壁与槽底不得留有小台阶，须清角。

4.2　外槽类零件的程序编制与加工

4.2.1　任务描述

加工如图 4-10 所示的多槽轴零件，零件毛坯为 $\phi 75 \times 130$ mm，材料为 45 钢。

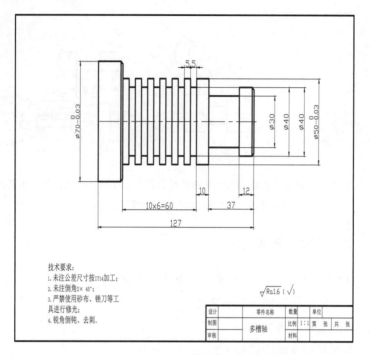

图 4-10　多槽轴零件

4.2.2　支撑知识

1. 槽加工指令

（1）暂停指令 G04。

该指令使指令暂停执行，但主轴不停转，用 G04 指令在刀具切至槽底时停留一定时间，以光整槽底，如图 4-11 所示。

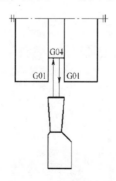

图 4-11　G04 暂停指令示意图

格式: G04 P__ ; 或 G04 X/U__ ;

其中: X、U——暂停时间, 可用带小数点的数, 单位为 s。

P——暂停时间, 不允许用带小数点的数, 单位为 ms。

G04P1500 或 G04X1.5, 均表示暂停 1.5 s; G04 指令为非模态 (续效) 指令, 该程序段只对自身程序段有效。

(2) 子程序的应用。

编程时为简化程序编制, 当工件上有相同加工内容时, 常调用子程序进行编程。子程序可以被主程序调用, 被调用的子程序也可以调用其他子程序, 称为子程序嵌套。

子程序调用指令格式: M98 Pxxxx xxxx;

子程序格式: Oxxxx; (子程序号)

...

...

M99; (子程序结束字)

其中: P 后面的前 4 位为重复调用次数, 省略时为调用一次, 后四位为子程序号; 子程序号与主程序基本相同, 只是程序结束字用 M99 表示。

(3) 内、外圆沟槽复合循环指令 G75。

指令说明: 该指令可以实现内孔、外圆切槽的断屑加工。在 X 方向对工件进行切槽的处理, 走刀路径如图 4-12 所示。

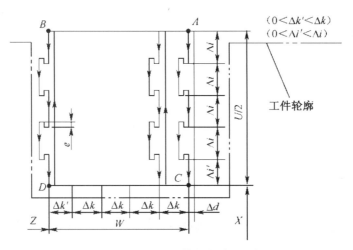

图 4-12　G75 外圆切槽复合循环示意图

指令格式:

G75 R（e）__;

G75 X（U）__ Z（W）__ P（Δi）__ Q（Δk）__ R（Δd）__ F（f）__;

其中: e—X方向的退刀量(半径值、模态值); X（U）、Z（W）—切槽终点位置坐标值; Δi—X方向每次切削深度(该值用不带符号的值表示), 单位 μm;(半径值); Δk—刀具完成一次径向切削后, 在 Z 方向的移动量, 单位 μm; Δd—刀具在切削底部的退刀量, d 的符号总是"+"值, 通常不指定; f—切槽进给速度。

例题: 编制如图 4-13 所示宽槽的 G75 程序段, 切槽刀宽 5 mm。

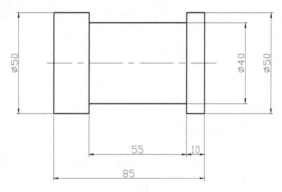

图 4-13　宽槽加工

O0002;

T0101;

M03 S500;

G00 X42.0 Z-15.0;

G75 R0.5;

G75 X40.0 Z-65.0 P2000 Q4000 F0.1;

G00 X100.0 Z100.0;

M30;

2.切槽刀的装夹与对刀

（1）刀具的装夹。

为了增加切断刀和切槽刀的刚性, 安装时, 刀体不宜伸出过长。切槽刀的中心线必须与工件中心线垂直, 以保证两副偏角对称, 否则切出的槽壁不平直。切断实心工件时，切断刀的主切削刃必须装得与工件中心等高，否则不能车到中心，而且容易崩刃，甚至折断车刀。切槽刀的底平面应平整，以保证两个副偏角对称。

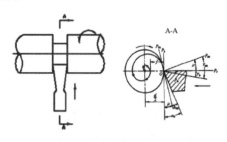

图 4-14　切槽的安装

（2）切槽刀对刀。

以工件右端面与轴线交点为工件原点，建立工件坐标系（采用试切对刀建立）。

Z 轴：将刀具和工件装夹好以后，调出 3# 刀，移动刀具快速接近工件，主轴正转 500 r/min 左右，轻靠端面（见掉削止），Z 轴不动，沿 X 轴退刀，选择刀补功能键，找到"刀偏"，选择"补正"，在序号 003，键入"Z0"，按操作区"刀具测量"键，按"测量"键。Z 轴对刀完成。

X 轴：主轴正转 500 r/min 左右，轻车一刀外圆，X 轴不动，沿 Z 方向退刀，停车，测量直径，选择刀补功能键，找到"刀偏"，选择"补正"，在序号 003，键入"X+ 测量直径"，按操作区"刀具测量"键，按"测量"键。X 轴对刀完成。

（3）切槽加工注意事项。

①切槽刀主切削刃要平直，各角度要适当；

②刀具安装时刀刃与工件中心要等高，主切削刃要与轴心线平行；

③要合理选择转速与进给量；

④要正确使用切削液；

⑤槽侧与槽底要平直。

3. 切断刀折断的原因分析

（1）切槽、切断刀折断的原因。

切断刀和切槽刀的刀头强度一般比其车刀强度低，很容易折断，其折断的原因是：①切断刀的几何形状刃磨得不正确，如副偏角和副后角太小，主切削刃太窄，刀头太长；②刀头装斜，受力不够均匀，使刀头折断；③切断刀安装时，与工件轴线不垂直，副偏角不对称，或切削刃没有对准工件中心高；④吃刀量太大。

（2）切断刀防止振动的方法。

切断时，切断刀往往容易引起振动，使切削无法正常进行，甚至损坏切断刀，为了防止切断刀损坏，可采用以下方法：①适当增大前角；②选用合适的主切削刃宽度，在工件的切断过程中，一般情况下，主切削刃的宽度越大，在切断中切断刀往往引起的振动就大；③在切断的主切削刃中间磨 R 0.5 mm 的消振槽，这样不仅能消除振动，还能起导向作用。

4. 切槽加工中进退刀路线的确定

进退刀路线的确定是使用 G00、G01 指令编程加工中的一个关键点，切槽加工中尤其应注意合理选择进、退刀路线。综合考虑安全性和进退刀路线最短的原则，建议采用单坐标轴（X 或 Z）运动的进退刀方式。

5. 一夹一顶

（1）一夹一顶装夹方法。

装夹时，将工件的一端用三爪自定心卡盘夹紧，而另一端用后顶尖支顶的装夹方法。为了工件轴向位移，可以在主轴前端锥孔内安装一个限位支撑，如图 4-15 所示。

图 4-15　一夹一顶装夹

（2）一夹一顶车削工艺注意事项。

①工件端面必须钻中心孔。

②必须车削工艺台阶。

③卡盘部分不能夹持太长。

④车床尾座的轴线必须与主轴轴线重合。

⑤车床尾座套筒伸出长度不宜过长。

6. 钻中心孔的工艺要求

(1) 中心孔和中心钻的类型。

中心孔种类（GB/T145—2001规定）：A型（不带护锥）；B型（带护锥）；C型（带护锥和螺纹）；R型（弧形），见表4-1所列。

表4-1 中心孔的类型、结构

类型	A型	B型	C型	D型
使用	精度要求一般的工件	精度要求较高或工序较多的工件	当需要把其他零件轴向固定在轴上时	轻型和高精度轴类工作
使用的中心钻				
结构图				

(2) 钻中心孔的方法。

①校正尾座中心启动车床，使主轴带动工件回转，移动尾座使中心钻接近工件端面，观察中心钻头部是否与工件回转中心一致，校正并紧固尾座。

②切削用量的选择和钻削由于中心钻直径小，钻削时应取较高的转速（一般取900~1120 r/min），进给量应小而均匀（一般为0.05~0.2 mm/r）；手摇尾座手轮时切勿用力过猛，当中心钻钻入工件后应及时加切削液使其冷却、润滑；中心孔钻好后，中心钻在孔中应稍作停留，然后退出，以修光中心孔，提高中心孔的形状精度和表面质量。

③由于中心钻的直径较小，钻中心孔时极易出现各种问题，见表4-2所列。

表4-2　钻中心孔时容易出现的问题以及产生原因

问题类型	产生原因
中心钻折断	(1) 中心钻未对准工件回转中心； (2) 工件端面未车平或中心处留有凸头，使中心钻偏斜，不能准确定心而折断； (3) 切削用量选择不合适，转速太低，进给量过大； (4) 磨钝后的中心钻强行钻入工件也易折断； (5) 没有充分浇注切削液或没有及时清除切屑，也易因切屑堵塞而使中心钻折断
中心孔钻偏或钻得不圆	(1) 工件弯曲未断直，使中心孔与外圆产生偏差； (2) 夹紧力不足，钻中心孔时工件移位，造成中心孔不圆； (3) 工件弹出太长，回转时在离心力的作用下易造成中心孔不圆
工件装夹时顶尖不能与中心孔的锥孔贴合	中心孔钻得太深
装夹时顶尖尖端与中心孔底部接触	中心钻修磨后，圆柱部分长度过短

7. 顶尖

一夹一顶时顶尖常用的有固定顶尖和回转顶尖两种。

(1) 固定顶尖的特点是刚度好，定心准确；顶尖与工件中心孔的滑动摩擦，容易产生过多热量，而将中心孔或顶尖"烧坏"。其用途是只适用于低速加工、精度要求较高的工件。如图4-16、图4-17所示为固定顶尖。

图4-16　普通固定顶尖　　　　图4-17　镶硬质合金固定顶尖

(2) 回转顶尖的特点是能在很高的转速下正常工作，存在一定的装配累积误差，且滚动轴承磨损后会使顶尖产生径向圆跳动，从而降低了定心精度。其用途是应用非常广泛。如图4-18所示为回转顶尖。

图4-18　回转顶尖

4.2.3　制定零件加工工艺

1. 零件结构分析

如图 4-8 所示，多槽轴零件由外圆柱面、多槽及倒角组成，本工序要求完成零件各外轮廓加工。

2. 工艺分析

（1）装夹方式采用三爪自定心卡盘夹紧；工件较长，采用普通一夹一顶装夹。

（2）加工顺序按由粗到精、由近到远的原则确定，在一次装夹中尽可能加工出较多的工件表面。结合本零件的结构特征，先加工左端外圆台阶，轮廓形状简单，采用 G90G01 指令加工，然后掉头保总长，钻 $\phi 5$ mm 中心孔，采用一夹一顶加工粗车外圆表面，加工精车外圆表面，零件轮廓符合单调性，故采用 G71 粗车、G70 精车；然后切槽，槽为宽槽和均布槽，适合采用 G75 切槽循环指令和子程序调用加工。

3. 刀具选择

该零件结构简单，工件材料为 45 钢，可选择焊接或可转位 90° 外圆车刀、切槽刀，材料为 YT15。指定刀具卡片，见表 4-3 所列。

表 4-3　数控加工刀具卡片

产品名称或代号			零件名称：多槽轴			零件图号	
序号	刀具号	刀具规格及名称	材质	数量	加工表面		备注
1	T01	90° 外圆车刀	YT15	1	粗车外圆、端面及倒角		R0.2
2	T02	35° 外圆车刀	YT15	1	精车外圆、端面及倒角		R0.8
3	T03	刀头宽 5mm 切槽刀	YT15	1	车槽		
4	T04	$\phi 5$ 中心钻	高速钢	1	中心孔		

4. 加工工艺卡片

以工件右端面与轴线交点为工件原点。工艺路线安排如下：

（1）车削零件左端面，车外圆 $\phi 70 \times 22$ mm。

（2）车削零件右端面，打中心孔。

（3）一夹一顶车削零件右端外圆 $\phi 40$、$\phi 50$ 外圆柱至尺寸。

(4) 分别车削 $\phi 30$ 宽槽和 $\phi 40$ 等距槽至尺寸。

根据被加工表面质量要求，刀具材料和工件材料参考切削用量手册或有关资料选取切削速度与每转进给量。制定加工工艺卡，见表4-4所列。

表4-4　数控加工工艺卡片

零件名称	多槽轴		零件图号		工件材料		45钢	
工序号	程序编号		夹具名称		数控系统		车间	
1	O6001 ~ O6003		三爪自定心卡盘		FANUC 0i			
序号	工步内容	刀具号	主轴转速 /(r / min)		进给量 /(mm / r)		背吃刀量 / mm	备注
1	车左端面	T01	800		0.2		1	自动
2	车外圆	T01	800		0.2		2	自动
3	掉头车右端面，保证总长	T01	800		0.08		1	自动
4	打中心孔	T04	1200		0.1			手动
5	一夹一顶粗车外圆	T01	800		0.15		2	自动
6	精车外圆	T02	1200		0.1		0.3	自动
7	切槽	T03	800		0.15		5	自动

5. 编制数控加工程序

(1) 加工零件左端（见表4-5）。

表4-5　数控加工程序1

加工内容	程序内容	说明
程序名	O6001	程序名为O6001
车端面	G40 G97 G99 T0101 M03 S800 F0.2;	调1号刀，主轴正转800 r/min，F 0.2 mm/r
	G00 X80.0 Z5.0;	快速靠近工件
	G94 X-1.0 Z0;	平端面
车外圆	G90 X70.5 Z-22.0;	粗车外圆 $\phi 70$ 外圆，留0.5 mm精车余量
	G00 X68.0;	快速定位到倒角X轴起点位置
	G01 Z0;	车削到Z轴起点位置
	X70.0 Z-1.0;	车削倒角
	Z-22.0;	精车 $\phi 70$ 外圆

续表

加工内容	程序内容	说明
车外圆	X80.0;	退刀
	G00 X100.0 Z100.0;	快速退到换刀点
程序结束	M05;	主轴停
	M30;	程序结束

（2）加工零件右端（见表4-6）。

表4-6 数控加工程序2

加工内容	程序内容	说明
程序名	O6002	程序名为 O6002
端面	G40 G97 G99 T0101 M03 S800 F0.15;	调1号刀，主轴正转 800 r/min, F 0.15 mm/r
	G00 X80.0 Z5.0;	快速靠近工件
	G94 X-1.0 Z0;	平端面
	M00;	程序暂停，调整主轴倍率，手动打中心孔
粗车循环	G00 X80.0 Z5.0;	快速定位
	G71 U2.0 R0.5;	G71 粗车循环固定格式
	G71 P10 Q20 U0.5 W0;	
轮廓	N10 G00 X38.0;	快速定位到倒角 X 轴起点位置
	G01 Z0;	车削到 Z 轴起点位置
	X40.0 Z-1.0;	车削倒角
	Z-37.0;	车削 ϕ 40 外圆
	X48.0;	退刀到 ϕ 50 外圆倒角起点
	X50.0 W-1.0;	车削倒角
	Z-107.0;	车削 ϕ 50 外圆
	X68.0;	退刀到 ϕ 50 外圆倒角起点
	X70.0 W-1.0;	车削倒角
	N20 X80.0;	退刀
	G00 X100.0 Z100.0	快速退到换刀点
程序暂停	M05;	主轴停
	M00;	程序结束
精车循环	G40 G97 G99 T0202 M03 S1200 F0.1;	调2号刀，主轴正转 1200 r/min, F 0.1 mm/r
	G00 X80.0 Z5.0;	快速靠近工件
	G70 P10 Q20;	G70 精车循环固定格式
	G00 X100.0 Z100.0;	快速退到换刀点

加工内容	程序内容	说明
程序名	06002	程序名为 06002
程序暂停	M05;	主轴停
	M00;	程序结束
切槽	G40 G97 G99 T0303 M03 S800 F0.2;	调 3 号刀，轴正转 800 r/min 主轴，F 0.15 mm/r
	G00 X55.0 Z0;	快速靠近工件
	Z–17.0;	快速定位到宽槽起点
	G75 R0.5;	G75 沟槽切削循环固定格式
	G75 X30.0 Z–37.0 P2000 Q4500;	
切槽	G00 X55.0;	快速定位到均布槽 X 向切削起点
	Z–42.0;	快速定位到均布槽 Z 向切削起点
	M98 P66003	调用 6 次 6003 号程序，加工均布槽
	G00 X100.0 Z100.0;	快速退到换刀点
结束	M05;	主轴停
	M30;	程序结束

（3）子程序（见表 4-7）。

表 4-7　数控加工程序 3

加工内容	程序内容	说明
子程序名	O6003	子程序名为 O6003
切槽	G00W–10.0	从当前点向 Z 轴负方向移动 10 mm
	G01X40.0F0.15;	切槽
	G04X1.5;	暂停 1.5 s
	G01X55.0;	退刀
结束	M99;	子程序结束

4.2.4　任务实施

1. 任务准备

设备：Fanuc 0i Mate-TD 系统数控车床

工具：卡盘扳手、刀架扳手、加力杆、刀垫、活顶尖、0 ~ 13 mm 钻夹头

材料：45 钢（ϕ75 × 130 mm 棒料）

刀具：90° 外圆车刀、35° 外圆车刀、切槽刀、ϕ 5 mm 中心钻

量具：0~150 mm 游标卡尺、25~50 mm 千分尺、50~75 mm 千分尺

2. 零件加工

(1) 开机回零。

(2) 安装工件并找正。

工件装夹在自定心卡盘上，三爪加持，一夹一顶，装夹要牢固。

(3) 安装刀具并对刀。

车刀安装时不宜伸出过长，刀尖高度应与机床主轴中心等高。

(4) 数控加工与精度控制。

首件加工应单段运行，通过机床控制面板上的"倍率选择"按钮调整加工参数，然后自动运行加工。

加工过程中，各尺寸精度都要保证在公差范围之内，程序暂停时对加工尺寸检测，如出现误差可以采用刀补修正法进行修改。

(5) 零件检测。

自检，修整工件，去毛刺，卸件，交检。

3. 加工注意事项

(1) 切槽和切断时，刀头宽度不宜过宽，切断位置应尽量靠近卡盘，否则容易产生振动；

(2) 对刀时，刀具接近工件过程中，进给倍率要小，避免产生撞刀现象；

(3) 切断刀采用左侧刀尖做刀位点，编程时，刀头宽度尺寸应考虑在内；

(4) 切断时，要根据加工状况适时调整进给修调，进给速度不宜过大；

(5) 切断时，要及时注意排屑顺畅，否则容易将刀头折断；

(6) 槽宽大于刀宽时，分多次加工，要注意避免产生接刀痕。

(7) 用一夹一顶的方法装夹工件切断时，在工件即将切断之前，应卸下工件后再敲断。

(8) 切断时不准用两顶尖装夹工件，否则工件切断的瞬间会飞出伤人。

(9) 换刀点 (100.0, 100.0)，此距离不能太小，防止换刀过程中刀具碰到工件。

4.2.5 任务小结

通过本任务的练习应掌握切槽刀和切断刀的选用、安装，掌握相关编程指令的应用，掌握槽类零件的加工和检验。

4.2.6 任务拓展

加工如图 4-19 所示零件，毛坯尺寸为 $\phi 75 \times 125$ mm，零件材料为 45 钢，按要求完成下列任务。

(1) 编写刀具卡片；

(2) 编写工艺卡片；

(3) 编写加工程序单；

(4) 零件实际加工。

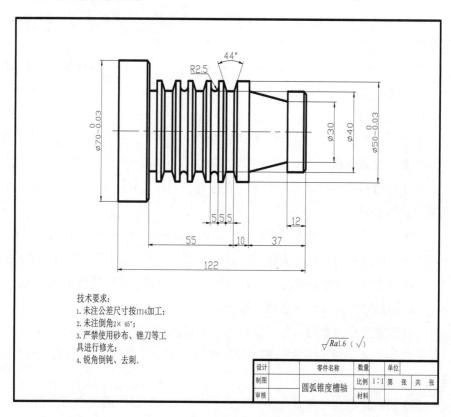

技术要求:
1. 未注公差尺寸按IT14加工;
2. 未注倒角2×45°;
3. 严禁使用砂布、锉刀等工具进行修光;
4. 锐角倒钝、去刺.

$\sqrt{Ra1.6}$ ($\sqrt{}$)

设计		零件名称	数量	单位		
制图		圆弧锥度槽轴	比例 1:1	第 张	共 张	
审核			材料			

图 4-19　圆弧锥度槽轴零件图目录

项目 5 螺纹类零件加工

在机械加工中，螺纹是在一根圆柱形的轴上（或内孔表面）用刀具或砂轮切成的，此时工件转一转，刀具沿着工件轴向移动一定的距离，刀具在工件上切出的痕迹就是螺纹。在外圆表面形成的螺纹称外螺纹，在内孔表面形成的螺纹称内螺纹。在圆柱母体上形成的螺纹叫圆柱螺纹，在圆锥母体上形成的螺纹叫圆锥螺纹。

【项目目标】

(1) 了解螺纹的基础知识；

(2) 了解螺纹类零件的车削工艺，会制定螺纹类零件加工工艺；

(3) 能正确地选择和安装刀具并完成对刀，合理选择刀具定位点和退刀点；

(4) 合理安排螺纹类零件的加工工艺，正确选择加工参数；

(5) 能运用编程指令，编制螺纹类零件的加工程序；

(6) 能独立完成数控车床的操作，能合理地修改参数；

(7) 正确使用检测量具并能够对螺纹类零件进行质量分析。

5.1 螺纹类零件的基本知识

螺纹指的是在圆柱或圆锥母体表面上制出的螺旋线形的、具有特定截面的连续凸起部分。凸起部分是指螺纹两侧面的实体部分，又称"牙"。

螺纹的基础是圆轴表面的螺旋线。通常若螺纹的断面为三角形，则叫三角螺纹；断面为梯形叫作梯形螺纹；断面为锯齿形叫作锯齿形螺纹；断面为正方形叫作矩形螺纹；断面为圆弧形叫作圆弧形螺纹，如图5-1所示。

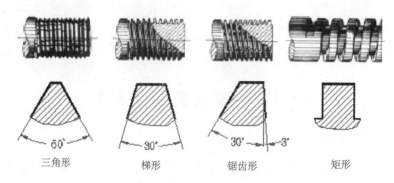

图 5-1　螺纹的断面形状

三角形螺纹分粗牙和细牙两种，一般连接多用粗牙螺纹。细牙的螺距小，升角小，自锁性能更好，常用于细小零件薄壁管中，有振动或变载荷的连接，以及微调装置等。

螺纹分单线螺纹和多线螺纹，连接用的多为单线；用于传动时要求进升快或效率高，采用双线或多线，但一般不超过 4 线。

圆锥螺纹的牙型为三角形，主要靠牙的变形来保证螺纹副的紧密性，多用于管件。按使用场合和功能不同，可分为紧固螺纹、管螺纹、传动螺纹、专用螺纹等；按密封性是又分为密封螺纹和非密封螺纹。螺纹分类见表 5-1 所列。

表 5-1　常用的几种螺纹的特征代号及用途

螺纹种类			特征代号	外形图	用途
连接螺纹	普通螺纹	粗牙	M		是最常用的连接螺纹
		细牙			用于细小的精密或薄壁零件
	管螺纹		G		用于水管、油管、气管等薄壁管子上，用于管路的连接。
传动螺纹	梯形螺纹		Tr		用于各种机床的丝杠，作传动用。
	锯齿形螺纹		B		只能传递单方向的动力。

5.1.1　螺纹术语

圆柱螺纹主要几何参数包括外径、内径、中径、螺距、导程、牙型、螺纹、工作高度。

（1）外径（大径）是与外螺纹牙顶或内螺纹牙底相重合的假想圆柱体直径。螺纹的公称直径即大径。

（2）内径（小径）是与外螺纹牙底或内螺纹牙顶相重合的假想圆柱体直径。

（3）中径母线是通过牙型上凸起和沟槽两者宽度相等的假想圆柱体直径。

（4）螺距是相邻牙在中径线上对应两点间的轴向距离。

（5）导程是同一螺旋线上相邻牙在中径线上对应两点间的轴向距离。

（6）牙型是角螺纹牙型上相邻两牙侧间的夹角。

（7）螺纹是升角中径圆柱上螺旋线的切线与垂直于螺纹轴线的平面之间的夹角。

（8）工作高度是两相配合螺纹牙型上相互重合部分在垂直于螺纹轴线方向上的距离等。

螺纹的公称直径除管螺纹以管子内径为公称直径外，其余都以外径为公称直径。螺纹升角小于摩擦角的螺纹副，在轴向力作用下不松转，称为自锁，其传动效率较低。

普通三角螺纹的基本结构，如图 5-2 所示。各基本尺寸的名称如下：

D——内螺纹大径（公称直径）；

d——外螺纹大径（公称直径）；

D_2——内螺纹中径；

d_2——外螺纹中径；

D_1——内螺纹小径；

d_1——外螺纹小径；

P——螺距；

H——原始三角形高度。

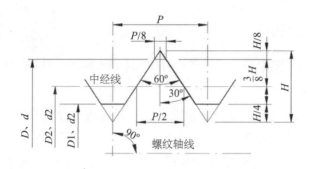

图 5-2 普通螺纹的基本结构

决定螺纹的基本要素有三个：①牙型角 α 螺纹轴向剖面内螺纹两侧面的夹角。公制螺纹 $\alpha=60°$，英制螺纹 $\alpha=55°$。②螺距 P 是沿轴线方向上相邻两牙间对应点的距离。③螺纹中径 D_2（d_2）是平螺纹理论高度 H 的一个假想圆柱体的直径。在中径处的螺纹牙厚和槽宽相等。只有内外螺纹中径都一致时，两者才能很好地配合。

5.1.2 螺纹标注与识读

在国家标准规定的标准螺纹标注方法中，第一个字母代表螺纹代号，例如：M 表示普通螺纹，G 表示非螺纹密封的管螺纹，R 表示用螺纹密封的管螺纹，Tr 表示梯形螺纹等。第二个数字表示螺纹公称直径，也就是螺纹的大径。它表示的是螺纹的最大直径，单位为 mm。往后的符号分别是螺距、导程、旋转、中径公差代号、顶径公差代号、旋合长度代号。

普通螺纹分粗牙普通螺纹和细牙普通螺纹两种。粗牙普通螺纹代号用字母 "M" 及公称直径表示，如 M12、M16 等，细牙普通螺纹代号用字母 "M" 及公称直径 × 螺距表示，如 M20 × 1.5、M10 × 1 等。当公称直径相同时，细牙普通螺纹比粗牙普通螺纹的螺距小。

例：粗牙 M8，螺距 $P=1.25$，粗牙记法：M8（省略螺距）；

细牙 M8，螺距 $P=1$，细牙记法：M8 × 1。

螺纹按螺旋线方向分为左旋的和右旋的两种，左旋螺纹在代号末尾加注 "LH"，如 M6-LH、M16 × 1.5-LH 等，未注明的为右旋螺纹。

螺纹已标准化，有米制（公制）和英制两种。国际标准采用米制，中国也采用米制。普通螺纹的标记示例如图 5-3 所示。

M 30 X Ph3P1.5 - LF - 6H/5g 6g - S

　旋合长度（中等旋合长度不标注）
　外螺纹大径公差带（公差等级6级，基本偏差g）
　外螺纹中径公差带（公差等级5级，基本偏差g）
　内螺纹中径、小径公差均是6H
　左旋螺纹（右旋螺纹不标注）
　双线螺纹导程3mm，螺距1.5mm
　螺纹公称直径30mm
　普通螺纹

图5-3　普通螺纹的标记示例

5.1.3　螺纹检测

（1）一般标准螺纹，都采用螺纹环规或塞规来测量。

在测量外螺纹时，如果螺纹"过端"环规（通规）正好旋进，而"止端"环规（止规）旋不进，则说明所加工的螺纹符合要求，反之就不合格。测量内螺纹时，采用螺纹塞规，以相同的方法进行测量。除螺纹环规或塞规测量外，还可以利用其他量具进行测量，如用螺纹千分尺测量螺纹中径等，如图5-4所示。

图5-4　普通螺纹环规、塞规

螺纹千分尺是用来测量螺纹中径的。用量针测量螺纹中径的方法称三针量法；齿厚游标卡尺用来测量梯形螺纹中径牙厚和蜗杆节径齿厚；其他参数测量采用专用量具和仪器，如图5-5所示。

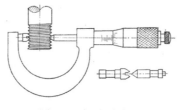

图5-5　螺纹千分尺

　　螺纹夹角的测量：螺纹夹角也叫"牙型角"。螺纹夹角的测量可通过测量侧面角来实现，螺纹侧面角是螺纹侧面与螺纹轴线的垂直面之间的夹角。螺纹牙的近似轮廓在螺纹两侧直线段采样，对采样点进行直线最小二乘拟合。

　　螺距的测量：螺距是指螺纹上某一点至相邻螺纹牙上对应点之间的距离。测量时必须平行于螺纹轴线。

　　螺纹中径的测量：螺纹中径是中径线沿垂直于轴线距离，中径线是一个假想的线。一般使用公法线千分尺＋三针测量，如图5-6、图5-7所示。

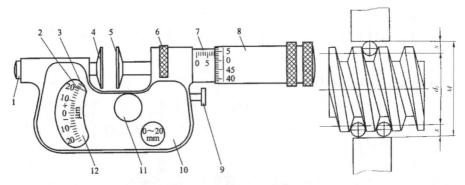

1－尺架；2－公差带指针；3－指针；4－测砧；5－测微螺杆；6－锁紧装置；5－固定套管；8－微分筒；9－拨叉；10－盖板；11－保护帽；12－刻度盘

图5-6　公法线千分尺、三针测量梯形螺纹中径

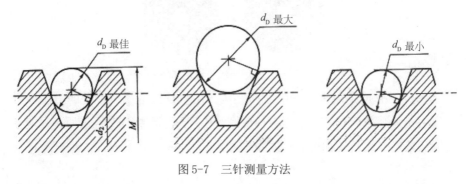

图5-7　三针测量方法

（2）三针测量螺纹时的计算公式见表 5-2 所列。

表 5-2 三针测量螺纹时的计算公式

螺纹牙型角（α）	M 值计算公式	量针直径（dD）		
		最大值	最佳值	最小值
60°	$M=d_2+3\,dD-0.866\,P$	1.01P	0.577P	0.505P
55°	$M=d_2+3.166dD-0.961\,P$	0.894P～0.029 mm	0.564 P	0.481P～0.016 mm
30°	$M=d_2+4.864dD-1.866\,P$	0.656 P	0.518 P	0.486P

（3）通用标准。

螺纹术语：GB/T 14791—2013。

机械制图螺纹及螺纹紧固件表示法：GB/T 4459.1—1995。

（4）螺距表见表 5-3 所列。

表 5-3 螺纹公称直径、螺距表

公制螺纹公称直径、螺距表					
公称直径	螺距	公称直径	螺距	公称直径	螺距
1	0.25	12	1.75	36	4
2	0.4	14	2	39	4
2.5	0.45	16	2	42	4.5
3	0.5	18	2.5	45	4.5
3.5	0.5	20	2.5	48	5
4	0.7	22	2.5	52	5
5	0.8	24	3	56	5.5
6	1	27	3	60	5.5
8	1.25	30	3.5	64	6
10	1.5	33	3.5	68	6
英制螺纹公称直径、螺距表					
公称直径	大径	小径	公称直径	大径	小径
3/16	4.63	3.7	7/8	21.96	19.3
1/4	6.2	5.1	1	25.11	22
5/16	7.78	6.5	11/8	28.25	24.7
3/8	9.36	7.9	11/4	31.42	27.9

7/16	10.93	9.3	11/2	37.73	33.5
1/2	12.5	10.5	15/8	40.85	35.8
9/16	14.08	12.1	13/4	44.02	39
5/8	15.65	13.5	17/8	45.15	41.5
3/4	18.81	16.4	2	50.32	44.7
圆柱管螺纹公称直径表					
公称直径	大径	小径	公称直径	大径	小径
1/8	9.81	8.5	1	33.25	30.5
1/4	13.16	11.7	11/8	38.2	35.2
3/8	16.66	15.2	11/4	41.91	39.2
1/2	20.95	18.9	13/8	43.85	41.6
5/8	22.85	20.8	11/2	47.8	45.1
3/4	26.44	24.3	13/4	53.62	51
7/8	29.28	28.1	2	59.62	57
圆锥管螺纹公称直径表					
公称直径	大径	小径	公称直径	大径	小径
1/8	9.73	8.4	1	33.25	30
1/4	13.16	11.3	11/8	37.6	34.7
3/8	16.66	14.8	11/4	41.91	38.6
1/2	20.95	18.5	13/8	43.4	41.1
5/8	22.7	20.5	11/2	47.8	44.6
3/4	26.44	24	13/4	53.62	50.5
7/8	30.02	27.6	2	59.61	56.3

5.1.4 螺纹刀具

1. 螺纹刀分类

螺纹车刀分为内螺纹车刀和外螺纹车刀两大类,如图 5-8 所示。机械制造初期使用的是需要手工刃磨的焊接刀头的螺纹车刀、高速钢材料磨成的螺纹车刀、高速钢梳刀片式的螺纹车刀及机夹式螺纹车刀等,机夹式螺纹车刀是目前被广泛使用的螺纹车刀。机夹式螺纹车刀分为刀杆和刀片两部分。刀杆上装有刀垫,用螺钉压紧,刀片安装在刀垫上;刀片又分为硬质合金未涂层刀片（用来加工有色金属的刀片，如：铝、铝合金、铜、铜合金等材料）和硬质合金涂层刀片（用来加工钢材、铸铁、不锈钢、合金材料等），如图 5-9 所示。

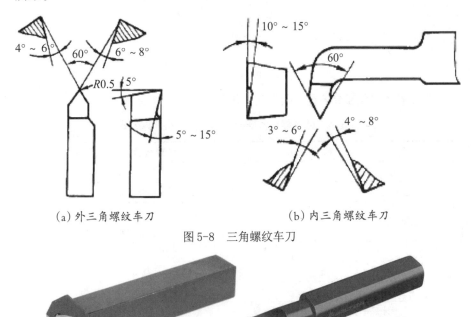

（a）外三角螺纹车刀　　　　　　（b）内三角螺纹车刀

图 5-8　三角螺纹车刀

图 5-9　机夹三角螺纹车刀

2. 梯形螺纹车刀

梯形螺纹车刀的刀具角度如图 5-10 所示。

①两刃夹角：粗车刀应小于牙型角，精车刀应等于牙形角。

②刀尖宽度：粗车刀的刀尖宽度应为 1/3 螺距宽。精车刀的刀尖宽应等于牙底宽减 0.05 mm。

③纵向前角：粗车刀一般为 10°～15° 左右，精车刀为了保证牙型角正确，前角应等于 0，但实际生产时取 5°～10°。

④纵向后角：一般为 6°～8°。

⑤两侧刀刃后角：$a_1 = (3° \sim 5°) + \psi$　$a_2 = (3° \sim 5°) - \psi$

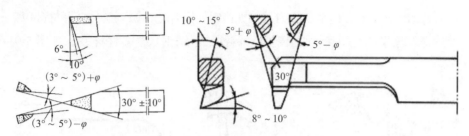

图 5-10　梯形螺纹刀

3. 梯形螺纹各部分名称、代号及计算公式见表5-4所列。

表 5-4　梯形螺纹各部分名称、代号及计算公式

名称		代号	计算公式			
牙形角		α	$\alpha=30°$			
螺距		P	由螺纹标准确定			
牙顶间隙		a_c	P	1.5 ~ 5	6 ~ 12	14 ~ 44
			a_c	0.25	0.5	1
外螺纹	大径	d	公称直径			
	中径	d_2	$d_2=d-0.5P$			
	小径	d_3	$d_3=d-2h_3$			
	牙高	h_3	$h_3=0.5P+a_c$			
内螺纹	大径	D_4	$D_4=d+2a_c$			
	中径	D_2	$D_2=d_2$			
	小径	D_1	$D_1=d-P$			
	牙高	H_4	$H_4=h_3$			
牙顶宽		f、f'	$f=f'=0.366P$			
牙槽底宽		w、W'	$w=W'=0.366P-0.536a_c$			

5.1.5　车削螺纹注意事项

（1）考虑螺纹加工牙型的膨胀量，外螺纹大径（公称直径 d）一般应车得比基本尺寸小 0.2 ~ 0.4 mm（约为 0.13P），保证车好螺纹后牙顶处有 0.125P 的宽度（P 是螺距），车内螺纹的底孔时保证底孔直径为公称直径 $-P$。

（2）螺纹切削应注意在两端设置足够的升速进刀段 δ_1 和降速退刀段 δ_2，以剔除两端因变速而出现的非标准螺距的螺纹段。

（3）在螺纹切削过程中，进给速度修调功能和进给暂停功能无效；若此

时按进给暂停键,刀具将在螺纹段加工完后才停止运动。

(4)螺纹加工的进刀量可以参考螺纹底径,即螺纹刀最终进刀位置。螺纹小径＝大径−1.2倍螺距;螺纹加工的进刀量应不断减少,具体进刀量根据刀具及工件材料进行选择,但最后一次不要小于0.1 mm。螺纹加工完成后可以通过观察螺纹牙型判断螺纹质量,并及时采取措施。

(5)对外螺纹来说,当螺纹牙顶未尖时,增加刀的切入量反而会使螺纹大径增大,增大量视材料塑性而定,当牙顶已被削尖时,增加刀的切入量则大径成比例减小,根据这一特点要正确对待螺纹的切入量,防止报废。

(6)车螺纹时不会因挤压作用导致螺纹牙顶与牙底之间不咬死(用丝锥攻的时候也有这个现象),从而保证有效的工作高度。

螺纹底孔:

$$D_{底}=D-P$$

式中: D——螺纹大径;

P——螺距。

(7)不通孔时,车削没有退刀槽螺纹,或用丝锥攻螺纹时丝锥切削部分有锥角,端部不能切出完整的牙形,所以孔深度要大于螺纹的有效深度。

底孔深度:

$$H=h_{有效}+0.7D$$

式中: H——有效螺纹有效深度;

D——螺纹大径。

5.2　外圆柱三角螺纹加工

本节主要说明普通三角外螺纹零件的程序编制与加工,其目的是利用所学的编程指令编制其加工程序,并能合理安排零件加工顺序。

一个螺纹的车削需要进行多次切削加工而成,每次切削逐渐增加螺纹深度,否则,刀具寿命也比预期的短得多。为实现多次切削的目的,机床主轴必须以恒定转速旋转,且必须与进给运动保持同步,保证每次刀具切削开始位置相同,且保证每次切削深度都在螺纹圆柱的同一位置上,最后一次走刀加工出适当的螺纹尺寸、形状、表面质量和公差,并得到合格的螺纹。

5.2.1 任务描述

加工如图 5-11 所示的套类零件，零件毛坯为 ϕ 36 × 200 mm，材料为 45 钢。

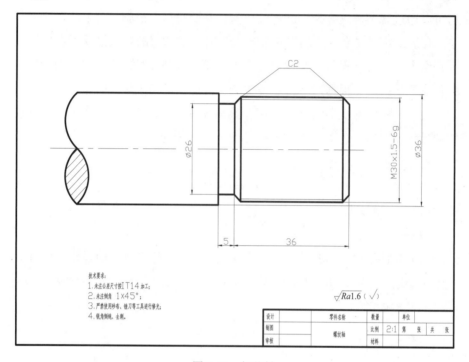

图 5-11 螺纹轴

5.2.2 支撑知识

1. 螺纹轴加工工艺

(1) 螺纹车削进刀方式。

螺纹车削加工需经多次反复切削完成，这样可以减少切削力，保证螺纹精度。通过直进刀方式加工时，车刀的左右两侧刃都参加切削，存在着排屑不畅、散热不好、受力集中等问题。切削深度越深，切削阻力越大，故一般要求分次进给加工，见表 5-3 所列。进刀的分配方式一般采用递减式，如图 5-12 所示。

表 5-3　螺纹车削的进给方法

加工方法	加工示意	加工特点	适用范围
直进法		垂直进刀: 两刀刃同时车削	适用于小螺距螺纹的加工
左右车削法		垂直进刀: 刀架左右移动,只有一 条刀刃切削	适用于所有螺距螺纹的加工
斜进法		垂直进刀: 刀架向一个方向移动	适用于大螺距螺纹的粗加工

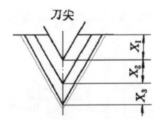

图 5-12　螺纹进刀的分配方式

(2) 主轴转速与螺纹尺寸的计算。

大径: $d=D$ (公称直径)

中径: $d_2=D_2=d-0.65P$

小径: $d_1=D_1=d-1.3P$

牙高: $H=0.65P$

螺纹加工时将以特定的进给量切削,进给量与螺纹导程相同,加工导程为 3 mm 的螺纹,进给量则是 3 mm/r。为保证正确加工螺纹,在螺纹切削过程中,主轴转速应采用恒转速。螺纹加工过程中,不可以调整转速,进给速度倍率无效。

主轴转速:

$$n \leqslant 1200/P - K$$

式中: P——螺纹的螺距(mm);

　　K——保险系数, 一般取为80。

注: 转速的确定也跟机床的刚性、刀具和工件的材料有关。

(3) 螺纹车削刀具切入与切出行程的确定。

在数控车床上加工螺纹时, 会在螺纹起始段和停止段发生螺距不规则现象, 所以实际加工螺纹的长度 L, 除保证螺纹长度外, 应包括升速进刀段 $\delta 1$ 和降速退刀段 δ_2(如图5-13)。δ_1 为切入空刀行程量, 一般取 $(2 \sim 5)F$; δ_2 为切出空刀行程量, 一般为退刀槽宽度的一半左右, 取 $1.5P$ 左右。若螺纹收尾处没有退刀槽时, 收尾处的形状与数控系统有关, 一般按45° 退刀收尾。

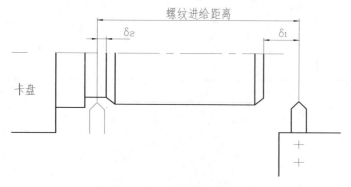

图5-13　螺纹的切入、切出量

(4) 切削次数与背吃刀量。

螺纹加工过程中, 车刀的左右两侧刃都参加切削, 存在着排屑不畅、散热不好、受力集中等问题。切削深度越深, 切削阻力越大, 故一般要求分次进给加工。常用螺纹加工的进给次数与每次背吃刀量可参考表5-4, 加工时为防止切削力过大, 可适当增加切削加工次数。

表 5-4　常用螺纹车削的进给次数与背吃刀量（单位：mm）

米制螺纹							
螺距	1.0	1.5	2	2.5	3	3.5	4
牙深（半径量）	0.649	0.974	1.299	1.624	1.949	2.273	2.598
切削次数及背吃刀量 1次	0.7	0.8	0.9	1.0	1.2	1.5	1.5
2次	0.4	0.6	0.6	0.7	0.7	0.7	0.8
3次	0.2	0.4	0.6	0.6	0.6	0.6	0.6
4次		0.16	0.4	0.4	0.4	0.6	0.6
5次			0.1	0.4	0.4	0.4	0.4
6次				0.15	0.4	0.4	0.4
7次					0.2	0.2	0.4
8次						0.15	0.3
9次							0.2

注：背吃刀量递减是根据刀具刀尖形状决定。

（5）螺纹切削起点位置的确定。

在螺纹的反复切削过程中，螺纹的切削起点位置应始终设定为一个固定值，否则会使螺纹"乱扣"。而螺纹切削起始位置由两个因素决定：一是螺纹轴向起始位置，二是螺纹圆周起始位置。

①单线螺纹：在单线螺纹分层切削时，要保证每次刀具的轴向和圆周起始位置都是固定的，即轴向上，每次切削时的起始点 Z 坐标都应当是同一个坐标值。

②多线螺纹：多线螺纹的分线方法有轴向分线法和圆周分度分线法两种。轴向分线法是通过改变螺纹切削时刀具起点 Z 坐标来确定各线螺纹的位置。当换线切削另一条螺纹时，刀具轴向切削起始点 Z 坐标应偏移一个螺距 P 或螺距 P 的倍数。偏移的方法有两种：一种是在程序中直接更改起始点 Z 坐标值，另一种是用 G54～G59 坐标系偏移指令或刀具偏置指令偏移。圆周分度分线法是通过改变螺纹切削时主轴在圆周方向（数控车床上称为 C 轴）起始点的 C 轴角位移坐标来确定各线螺的位置。这种方法只能在有 C 轴控制功能的数控车床上使用。

2. 螺纹加工指令

（1）单行程螺纹切削指令 G32。

G32 指令能够切削圆柱螺纹、圆锥螺纹、端面螺纹（涡形螺纹），实现刀具直线移动，并使刀具的移动和主轴旋转保持同步，即主轴转一转，刀具移动一个导程（如图 5-14）。

格式：G32 X（U）＿ Z（W）＿ F＿ ；

其中：X（U）、Z（W）为螺纹切削的终点坐标；F 为直线螺纹的导程，如果是单线螺纹，则为螺距。

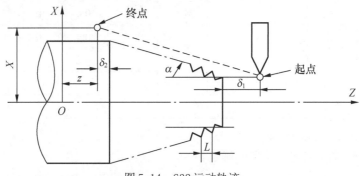

图 5-14　G32 运动轨迹

（2）单行螺纹切削循环指令 G92。

单行程螺纹切削指令 G32 可以执行单行程螺纹切削，螺纹车刀进给运动严格根据输入的螺纹导程进行。但是，螺纹车刀的切入、切出、返回等均需另外编入程序，编写的程序段较多，在实际编程中一般使用单一螺纹切削循环 G92（如图 5-15），它可切削圆柱螺纹和圆锥螺纹。

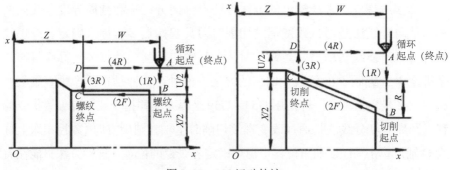

图 5-15　G92 运动轨迹

格式: G92 X（U）__ Z（W）__ R__ F__ ;

其中: X（U）、Z（W）为螺纹切削的终点坐标值; R 后的值为螺纹部分半径之差, 即螺纹切削起始点与切削终点的半径差。

加工圆柱螺纹时, R = 0(可省略); 加工圆锥螺纹时, 当 X 向切削起始点坐标小于切削终点坐标时, R 为负, 反之为正。在一些 Fanuc 系统的数控车床上的切削循环中, R 有时也用 "I" 来执行。

F 为螺纹导程, 如果是单线螺纹, 则为螺距的大小。

例题: 加工如图 5-16 所示的圆锥螺纹, 螺纹导程为 1.5 mm。螺纹牙高为 1.5 mm , δ_1 = 2 mm, δ_2 = 1 mm。试编写螺纹加工程序。

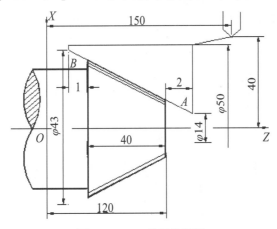

图 5-16　G92 锥螺纹例题

圆锥螺纹中相关计算: R = (14−43) /2 = −14.5

参考程序:

G00 X50 Z2 ;(注意起刀点定位)

G92 X41.7 Z-41 F1.5 R-14.5;

X41;

X40.5;

X40.1;

X40;

G00 X100 Z100;

M30;

5.2.3 制定零件加工工艺

1. 零件结构分析

如图 5-12 所示，螺纹轴零件由外螺纹、退刀槽及倒角组成，本工序要求完成零件外螺纹、退刀槽的加工。

2. 工艺分析

(1) 装夹方式采用三爪自定心卡盘夹紧。

(2) 加工顺序按车削外圆、车削退刀槽、车削螺纹的顺序不确定，在一次装夹中即可完成零件的价格。结合本零件的结构特征，夹住零件的左端加工零件右端，适合采用 G90、G94、G00、G01、G92 指令加工。

3. 刀具选择

该零件结构简单，工件材料为 45 钢，可选择焊接或可转位 90° 外圆车刀、60° 机夹外螺纹刀、机夹切槽刀（槽宽 5 mm），材料为 YT15。指定刀具卡片，见表 5-5 所列。

表 5–5　数控加工刀具卡片

产品名称或代号			零件名称：螺纹轴				零件图号
序号	刀具号	刀具规格及名称	材质	数量	加工表面		备注
1	T01	90° 外圆车刀	YT15	1	外圆、端面及倒角		R0.4
2	T02	切槽刀	YT15	1	退刀槽及倒角		R0.2
3	T03	60° 外螺纹刀	YT15	1	外螺纹		R0.4

4. 加工工艺卡片

以工件右端面与轴线交点为工件原点。工艺路线安排如下：

(1) 车外圆，保 $\phi 30$ mm，长度至 41 mm；

(2) 槽宽 5 mm；

(3) 车削外螺纹，M30X1.5 至螺纹要求。

根据被加工表面质量要求，刀具材料和工件材料参考切削用量手册或有关资料选取切削速度与每转进给量。制定加工工艺卡号，见表 5-6 所列。

表 5-6　数控加工工艺卡片

零件名称	螺纹轴	零件图号		工件材料	45 钢	
工序号	程序编号	夹具名称		数控系统	车间	
1	O7001 ~ O7003	三爪自定心卡盘		Fanucoi		
序号	工步内容	刀具号	主轴转速 / (r/min)	进给量 / (mm/r)	背吃刀量 /mm	备注
1	车削外圆	T01	800	0.2	2	自动
2	车削退刀槽	T02	600	0.2	2	自动
3	车削外螺纹	T03	600	P1.5	0.7	自动

5. 编制数控加工程序

（1）加工外圆（见表 5-7）。

表 5-7　数控加工程序 1

加工内容	程序内容	说明
程序名	O7001;	程序名为 O7001
粗车外圆	G40 G97 G99 T0101 M03 S800 F0.2;	调 1 号刀，主轴正转 800 r/min，F 0.2 mm/r
	G00 X40.0 Z5.0;	快速靠近工件
粗车外圆	G94 X-1.0 Z0;	G94 齐端面
	G00 X40.0 Z5.0;	快速靠定位
	G90 X33.0 Z-40.0;	G90 粗车外圆至 ϕ 33 mm
	X30.5 Z-40.0;	G90 粗车外圆至 ϕ 30.5 mm，留 0.5 mm 精车余量
精车外圆	G00 X 40.0 Z5.0;	快速定位到刀具起始点
	G94 X-1.0 Z0;	G94 齐端面
	G00 X40.0 Z5.0;	快速靠定位
	X26.0	快速定位到倒角 X 轴起点位置
	G01 Z0;	车削到 Z 轴起点位置
	X29.8 Z-2.0;	车削倒角
	Z-41.0;	车削 ϕ 29.8 mm 外圆（螺纹大径）
	X40.0;	X 轴退刀到 ϕ 40 mm 退出工件
	G00 X100.0 Z100.0;	快速退到换刀点
结束	M05;	主轴停
	M30;	程序结束

数控机床加工实训

（2）加工退刀槽（见表5-8）。

表5-8　数控加工程序2

加工内容	程序内容	说明
程序名	O7002;	程序名为O7002
车退刀槽	G40 G97 G99 T0202 M03 S600 F0.2;	调2号刀，主轴正转600 r/min, F 0.2 mm/r
	G00 X40.0 Z0;	快速靠近工件
	Z–41.0;	Z轴快速定位
	G01 X26.0;	G01切退刀槽
	X40.0;	X轴退刀
	W2.0;	Z轴向正方向移动2mm
	X30.0;	X轴定位，为切槽做准备
	X26.0 W–2.0;	倒角C2
车退刀槽	X40.0;	X轴退刀
	G00 X100.0 Z100.0;	快速退到换刀点
结束	M05;	主轴停
	M30;	程序结束

（3）加工外螺纹（见表5-9）

表5-9　数控加工程序3

加工内容	程序内容	说明
程序名	O7003;	程序名为O7003
车外螺纹	G40 G97 G99 T0303 M03 S600;	调2号刀，主轴正转600 r/min
	G00 X32.0 Z5.0;	快速靠近工件
	G92 X29.1 Z–38.0 F1.5;	G92加工螺纹
	X28.8;	
	X28.5;	
	X28.3;	
	X28.3;	
	G00 X10 0.0 Z100.0;	快速退到换刀点
结束	M05;	主轴停
	M30;	程序结束

5.2.4　任务实施

1. 任务准备

设备: Fanuc 0i Mate-TD 系统数控车床

工具: 卡盘扳手、刀架扳手、加力杆、刀垫

材料: 45 钢（$\phi 36 \times 200$ mm 棒料）

刀具: 90° 外圆车刀、切槽刀（宽 5 mm）、60° 螺纹刀

量具: 0 ~ 150 mm 游标卡尺、25 ~ 50 mm 千分尺、M30X1.5 螺纹环规、螺纹千分尺

2. 零件加工

(1) 开机回零。

(2) 安装工件并找正。

工件装夹在自定心卡盘上，三爪加持，装夹要牢固。

(3) 安装刀具并对刀。

①刀具安装: 加工螺纹时为了防止牙形不正，在装夹刀具时建议使用角度样板，尽量使螺纹车刀刀尖与工件主轴轴线垂直。刀尖高度应与机床主轴中心等高。

②螺纹刀对刀 Z 轴对刀过程: 将刀具和工件装夹好以后，调出 3# 刀，移动刀具快速接近工件；主轴正转 500 r/min 左右；目测刀具刀尖与零件端面平行即可；选择刀补功能键，找到"刀偏"，选择"补正"，螺纹刀所在的刀具号上，键入"Z0"后按操作区"刀具测量"键，再按"测量键"；Z 轴对刀完成。X 轴对刀过程: 主轴正转 500 r/min 左右；轻车一刀外圆，X 轴不动，沿 Z 方向退刀，停车测量直径；选择刀补功能键，找到"刀偏"，选择"补正"，螺纹刀所在的刀具号上，键入"X+ 测量直径"后按操作区"刀具测量"键，再按"测量键"；X 轴对刀完成。

(4) 车床数控系统推荐车螺纹时主轴转速如下:

$$n \leqslant 1200 / P - K$$

式中: P——被加工螺纹螺距（mm）；

K——保险系数，一般为 80。

(5) 数控加工与精度控制。

首件加工应单段运行，通过机床控制面板上的"倍率选择"按钮调整加工参数，然后自动运行加工。

加工过程中，各尺寸精度都要保证在公差范围之内，程序暂停时对加工尺寸进行检测，如出现误差可以采用刀补修正法进行修改。

(6) 零件检测。

自检，修整工件，去毛刺，卸件，交检。

3. 加工注意事项

(1) 对刀时，刀具接近工件过程中，进给倍率要小，以免产生撞刀现象。

(2) 首件加工时，尽可能采用单步运行。程序准确无误后，再采用自动方式加工，避免意外事故发生。

(3) 换刀点(100.0，100.0)，此距离不能太小，防止换刀过程中刀具碰到工件。

(4) 螺纹切削中进给速度倍率无效，进给速度被限制在100%。

(5) 螺纹切削中不能停止进给，一旦停止进给切深便急剧增加，这样很危险。因此在螺纹切削中进给暂停键无效。

(6) 在螺纹切削程序段后的第一个非螺纹切削程序段期间，按进给暂停键或持续按该键时，刀具在非螺纹切削程序段停止。

(7) 如果用单程序段进行螺纹切削，则在执行第一个非螺纹切削的程序段后停止刀具。

(8) 在切端面螺纹和锥螺纹时，也可进行恒线速控制，但由于改变转速，将难以保证正确的螺纹导程。因此，切螺纹时，指定G97不使用恒线速控制。

(9) 在螺纹切削前的移动指令程序段可指定倒角，但不能是圆角 R。

(10) 在螺纹切削程序段中，不能指定倒角和圆角 R。

(11) 在螺纹切削中主轴倍率有效，但在切螺纹中如果改变了倍率，就会因升降速的影响等因素而不能切出正确的螺纹。

5.2.5　任务小结

通过本任务的练习，应掌握螺纹零件的编程指令格式和应用、常用量具的测量方法以及刀的选用、安装，其目的是通过本节课的学习掌握螺纹零件的编程、加工和检验方法。

5.2.6　任务拓展

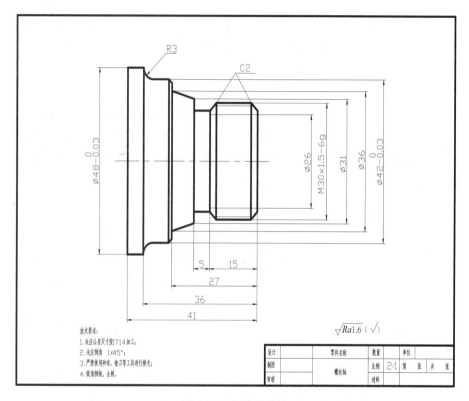

图 5-17　螺纹锥度轴

加工如图 5-17 所示零件，毛坯尺寸为 $\phi 50 \times 200$ mm，零件材料为 45 钢，按要求完成下列任务。

(1) 编写刀具卡片；

(2) 编写工艺卡片；

(3) 编写加工程序单；

(4) 零件实际加工。

项目6 综合练习

零件加工时，不仅会产生尺寸误差，还会产生形状和位置误差。零件表面的实际形状对其理想形状所允许的变动量，称为形状误差。零件表面的实际位置对其理想位置所允许的变动量，称为位置误差。形状和位置公差简称形位公差。

【项目目标】

(1) 了解常用形位公差的含义及符号和标注方法；

(2) 了解在数控车床加工中常用的形位公差；

(3) 了解独立件的车削工艺，合理安排独立件的加工工艺，并能正确选择加工参数；

(4) 能正确地选择和安装刀具并完成对刀，合理选择刀具定位点和退刀点；

(5) 能正确认识形位公差在图纸中的标注方法；

(6) 能运用编程指令，编制配合件的加工程序；

(7) 能独立完成数控车床的操作，能合理地修改参数；

(8) 正确使用检测量具并能够对配合件进行质量分析。

6.1 形位公差的基本知识

形状公差和位置公差简称为形位公差。形位公差包括形状公差和位置公差。任何零件都是由点、线、面构成的，这些点、线、面称为要素。机械加工后零件的实际要素相对于理想要素总有误差，包括形状误差和位置误差。这类误差影响机械产品的功能，设计时应规定相应的公差并按规定的标准符号标注在图样上。20世纪50年代前后，工业化国家就有形位公差标准。国际标准化组织（ISO）于1969年公布形位公差标准,1978年推荐了形位公差检测原理和方法。中国于 1980 年颁布形状和位置公差标准，其中包括检测规定。

加工后的零件会有尺寸公差，因而构成零件几何特征的点、线、面的实际形状或相互位置与理想几何体规定的形状和相互位置就存在差异，这种形状上的差异就是形状公差，而相互位置的差异就是位置公差，这些差异统称为形位公差。

6.1.1　相关名词

1. 形状公差

形状公差是指单一实际要素的形状所允许的变动全量。形状公差用形状公差带表达。形状公差带包括公差带形状、方向、位置和大小等四要素。形状公差项目有：直线度、平面度、圆度、圆柱度、线轮廓度、面轮廓度等 6 项。通俗点就是，和形状有关的要素。

2. 位置公差

位置公差是指关联实际要素的位置对基准所允许的变动全量。

3. 定向公差

定向公差是指关联实际要素对基准在方向上允许的变动全量。这类公差包括平行度、垂直度、倾斜度 3 项。

4. 跳动公差

跳动公差是以特定的检测方式为依据而给定的公差项目。跳动公差可分为圆跳动公差与全跳动公差。

5. 定位公差

定位公差是关联实际要素对基准在位置上允许的变动全量。这类公差包括同轴度、对称度、位置度 3 项。

形位公差包括形状公差与位置公差，而位置公差又包括定向公差和定位公差，形位公差具体包括的内容及公差表示符号见表 6-1 所列。

表6-1 形位公差内容及符号

分类	特征项目	符号	分类	特征项目	符号
形状公差	直线度	—	位置公差	平行度	//
	平面度	▱	定向	垂直度	⊥
	圆度	○		倾斜度	∠
	圆柱度	⌀		同轴度	◎
			定位	对称度	≡
	线轮廓度	⌒		位置度	⊕
	面轮廓度	⌓	跳动	圆跳动	↗
				全跳动	↗↗

6.1.2 分类

1.形状公差

(1)直线度(-)是限制实际直线对理想直线变动量的一项指标。它是针对直线发生不直而提出的要求。

(2)平面度(c)是限制实际平面对理想平面变动量的一项指标。它是针对平面发生不平而提出的要求。

(3)圆度(e)是限制实际圆对理想圆变动量的一项指标。它是对具有圆柱面(包括圆锥面、球面)的零件,在一正截面(与轴线垂直的面)内的圆形轮廓要求。

(4)圆柱度(g)是限制实际圆柱面对理想圆柱面变动量的一项指标。它控制了圆柱体横截面和轴截面内的各项形状误差,如圆度、素线直线度、轴线直线度等。圆柱度是圆柱体各项形状误差的综合指标。

（5）线轮廓度（k）是限制实际曲线对理想曲线变动量的一项指标。它是对非圆曲线的形状精度要求。

（6）面轮廓度（d）是限制实际曲面对理想曲面变动量的一项指标，它是对曲面的形状精度要求。

2. 定向公差

（1）平行度（f）用来控制零件上被测要素（平面或直线）相对于基准要素（平面或直线）的方向偏离0°的要求，即要求被测要素对基准等距。

（2）垂直度（b）用来控制零件上被测要素（平面或直线）相对于基准要素（平面或直线）的方向偏离90°的要求，即要求被测要素对基准成90°。

（3）倾斜度（a）用来控制零件上被测要素（平面或直线）相对于基准要素（平面或直线）的方向偏离某一给定角度（0°～90°）的程度，即要求被测要素对基准成一定角度（除90°外）。

3. 定位公差

（1）同轴度（r）用来控制理论上应该同轴的被测轴线与基准轴线的不同轴程度。

（2）对称度（i）一般用来控制理论上要求共面的被测要素（中心平面、中心线或轴线）与基准要素（中心平面、中心线或轴线）的不重合程度。

（3）位置度（j）用来控制被测实际要素相对于其理想位置的变动量，其理想位置由基准和理论正确尺寸确定。

4. 跳动公差

（1）圆跳动（h）是被测实际要素绕基准轴线作无轴向移动、回转一周中，由位置固定的指示器在给定方向上测得的最大与最小读数之差。

（2）全跳动（t）是被测实际要素绕基准轴线作无轴向移动的连续回转，同时指示器沿理想素线连续移动，由指示器在给定方向上测得的最大与最小读数之差。

6.1.3 测量方法

1. 形状误差

形状误差指零件上的点、线、面等几何要素在加工时可能产生的几何形状上的误差。如：加工一根圆柱时，轴的各断面直径可能大小不同、或轴的断面可能不圆、或轴线可能不直、或平面可能翘曲不平等。

2. 位置误差

位置误差指零件上的结构要素在加工时可能产生的相对位置上的误差。如：阶梯轴的各回转轴线可能有偏移等。

3. 测量方法

目前有一种高效测量各种形位误差的测量方法，就是直接利用数据采集仪连接各种指示表，如百分表等，数据采集仪会自动读取测量数据并进行数据分析，无须人工测量跟数据分析，可以大大提高机械测量效率。

测量仪器：偏摆仪、百分表（或其他指示表）、数据采集仪。

测量原理：数据采集仪可从百分表中实时读取数据，并进行形位误差的计算与分析，各种形位误差计算公式已嵌入我们的数据采集仪软件中，完全不需要人工去计算繁琐的数据，可以大大提高测量的准确率，如图6-1所示。

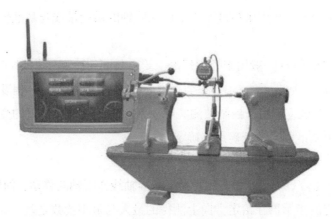

图6-1　数据采集仪连接百分表测量形位公差误差的方法

4. 优势

（1）以较低的成本提高测量效率：与类似产品比较，其成本非常低，测量效率有较大的提高。

（2）提高测量的准确性：采用测量人员的目视观看的传统方法容易导致错误的测量结果。

（3）数据可追溯：保存数据记录，并可进行追溯与分析，传统模式由于无实时的记录，可追溯性较差。

6.1.4 公差图标

零件的形位公差共14项，其中形状公差6个，位置公差8个，见表6-2所列。

表6-2 零件的形位公差

序号	形位公差	符号	
1	直线度	—	直线度是表示零件上的直线要素实际形状保持理想直线的状况，也就是通常所说的平直程度。直线度公差是实际线对理想直线所允许的最大变动量。也就是在图样上所给定的，用以限制实际线加工误差所允许的变动范围
2	平面度	c	平面度是表示零件的平面要素实际形状保持理想平面的状况，也就是通常所说的平整程度。平面度公差是实际表面对平面所允许的最大变动量。也就是在图样上给定的，用以限制实际表面加工误差所允许的变动范围
3	圆度	e	圆度是表示零件上圆的要素实际形状，与其中心保持等距的情况。即通常所说的圆整程度；圆度公差是在同一截面上，实际圆对理想圆所允许的最大变动量。也就是图样上给定的，用以限制实际圆的加工误差所允许的变动范围
4	圆柱度	g	圆柱度是表示零件上圆柱面外形轮廓上的各点，对其轴线保持等距状况。圆柱度公差是实际圆柱面对理想圆柱面所允许的最大变动量。也就是图样上给定的，用以限制实际圆柱面加工误差所允许的变动范围
5	线轮廓度	k	线轮廓度是表示在零件的给定平面上，任意形状的曲线，保持其理想形状的状况。线轮廓度公差是指非圆曲线的实际轮廓线的允许变动量。也就是图样上给定的，用以限制实际曲线加工误差所允许的变动范围
6	面轮廓度	d	面轮廓度是表示零件上的任意形状的曲面，保持其理想形状的状况。面轮廓度公差是指非圆曲面的实际轮廓线，对理想轮廓面的允许变动量。也就是图样上给定的，用以限制实际曲面加工误差的变动范围
7	平行度	f	平行度是表示零件上被测实际要素相对于基准保持等距离的状况。也就是通常所说的保持平行的程度；平行度公差是：被测要素的实际方向，与基准相平行的理想方向之间所允许的最大变动量。也就是图样上所给出的，用以限制被测实际要素偏离平行方向所允许的变动范围

序号	形位公差	符号	
8	垂直度	b	垂直度是表示零件上被测要素相对于基准要素，保持正确的 90° 夹角状况。也就是通常所说的两要素之间保持正交的程度；垂直度公差是：被测要素的实际方向，对于基准相垂直的理想方向之间，所允许的最大变动量。也就是图样上给出的，用以限制被测实际要素偏离垂直方向，所允许的最大变动范围
9	倾斜度	a	倾斜度是表示零件上两要素相对方向保持任意给定角度的正确状况。倾斜度公差是被测要素的实际方向，对于基准成任意给定角度的理想方向之间所允许的最大变动量
10	对称度	i	对称度是表示零件上两对称中心要素保持在同一中心平面内的状态，对称度公差是实际要素的对称中心面（或中心线、轴线）对理想对称平面所允许的变动量。该理想对称平面是指与基准对称平面（或中心线、轴线）共同的理想平面
11	同轴度	r	同轴度是表示零件上被测轴线相对于基准轴线，保持在同一直线上的状况，也就是通常所说的共轴程度。同轴度公差是被测实际轴线相对于基准轴线所允许的变动量。也就是图样上给出的，用以限制被测实际轴线偏离由基准轴线所确定的理想位置所允许的变动范围
12	位置度	j	位置度是表示零件上的点、线、面等要素，相对其理想位置的准确状况。位置度公差是被测要素的实际位置相对于理想位置所允许的最大变动量
13	圆跳动	h	圆跳动是表示零件上的回转表面在限定的测量面内，相对于基准轴线保持固定位置的状况。圆跳动公差是被测实际要素绕基准轴线，无轴向移动地旋转一整圈时，在限定的测量范围内，所允许的最大变动量
14	全跳动	t	全跳动是指零件绕基准轴线作连续旋转时，沿整个被测表面上的跳动量。全跳动公差是被测实际要素绕基准轴线连续的旋转，同时指示器沿其理想轮廓相对移动时，所允许的最大跳动量

6.1.5　注意问题

（1）形位公差内容用框格表示，框格内容自左向右第一格总是形位公差项目符号，第二格为公差数值，第三格以后为基准，即使指引线从框格右端引出也是这样。

（2）被测要素为中心要素时，箭头必须和有关的尺寸线对齐，只有当被测要素为单段的轴线或各要素的公共轴线、公共中心平面时，箭头可直接指向轴线或中心线，这样标注很简便，但一定要注意该公共轴线中没有包含非被测要素的轴段在内。（新标准中箭头指向轴线或中心线的标法已废止。）

（3）被测要素为轮廓要素时，箭头指向一般均垂直于该要素，但对圆度公差，箭头方向必须垂直于轴线。

（4）当公差带为圆或圆柱体时，在公差数值前需加注符号"ϕ"，其公差值为圆或圆柱体的直径，这种情况在被测要素为轴线时才有，同轴度的公差带总是一圆柱体，所以公差值前总是加上符号"ϕ"；轴线对平面的垂直度，轴线的位置度一般也是采用圆柱体公差带，也需在公差值前加上符号"ϕ"。

（5）对一些附加要求，常在公差数值后加注相应的符号，如（+）符号说明被测要素只许呈腰鼓形外凸，（-）说明被测要素只许呈鞍形内凹，（>）说明误差只许按符号的小端方向逐渐减小；如形位公差要求遵守最大实体要求时，则需加符号○M.在框格的上方，下方可用文字作附加的说明；如对被测要素数量的说明，应写在公差框格的上方；属于解释性说明（包括对测量方法的要求）应写在公差框格的下方。

形位公差是为了满足产品功能要求而对工件要素在形状和位置方面所提出的几何精度要求。以形位公差带来限制被测实际要素的形状和位置，如图6-2所示。

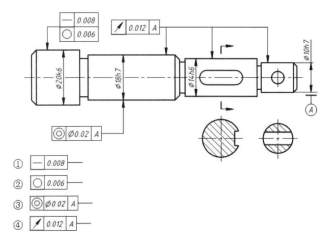

图6-2 形位公差标注举例

6.1.6 使用性能

(1)影响零件的功能要求。

(2)影响零件的配合性质。

(3)影响零件的互换性。

(4)影响零件本身及配合件寿命。

6.1.7 国家标准

(1)《产品几何技术规范（GPS）几何公差 形状、方向、位置和跳动公差标注》：GB/T 1182—2018

(2)《形状和位置公差 未注公差值》：GB/T 1184—1996

(3)《产品几何技术规范（GPS）公差原则》：GB/T 4249—2009

(4)《形状和位置公差最大实体要求、最小实体要求和可逆要求》：GB/T 16671—2009

(5)《产品几何量技术规范（GPS）几何公差 位置度公差标法》：GB/T 13319—2003

6.2 接头加工

6.2.1 任务描述

加工如图 6-3 所示的接头，零件毛坯为 ϕ 132 × 93 mm，材料为 45 钢。

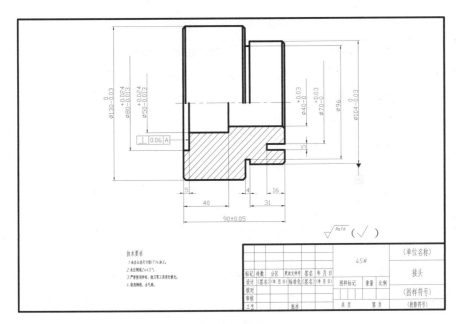

图 6-3　接头

6.2.2　制定零件加工工艺

1.零件结构分析

如图 6-4 所示，直孔零件由外圆柱面、内圆柱面、槽及倒角组成，本工序要求完成零件各内、外轮廓加工。

2.工艺分析

（1）装夹方式采用三爪自定心卡盘夹紧。

（2）加工顺序按由内到外、由粗到精、由近到远的原则确定，在一次装夹中尽可能加工出较多的工件表面。结合本零件的结构特征，夹住零件的右端加工零件左端，加工顺序依次是钻孔、车内孔、外圆加工、掉头加工、车外圆、槽加工。零件外轮廓主要由外圆、槽和倒角组成，背吃刀量较大，适合采用 G71、G70 指令加工。零件内轮廓主要由台阶和倒角组成，背吃刀量小，适合采用 G00、G01 指令加工。

3.刀具选择

该零件结构简单，工件材料为 45 钢，可选择焊接或可转位 90°外圆车刀、内孔车刀、切槽刀和端面槽刀，材料为 YT15。制定刀具卡片，见表 6-3 所列。

表6-3　数控加工刀具卡片

产品名称或代号			零件名称: 多槽轴			零件图号	
序号	刀具号	刀具规格及名称	材质	数量	加工表面	备注	
1	T01	90° 外圆车刀	YT15	1	外圆、端面及倒角	R0.4	
2	T02	35° 外圆车刀	YT15	1	外圆、端面及倒角	R0.2	
3	T03	内孔车刀	YT15	1	内孔及倒角	R0.2	
4	T04	切槽刀（4 mm）	YT15	1	槽	R0.2	
5	T05	端面槽刀（4 mm）	YT15		端面槽	R0.2	
6	T06	ϕ 35 钻头	高速钢	1	钻孔		

4. 加工工艺卡片

根据被加工表面质量要求，刀具材料和工件材料参考切削用量手册或有关资料选取切削速度与每转进给量。制定加工工艺卡，见表6-4所列。

表6-4　数控加工工艺卡片

零件名称	接头	零件图号		工件材料	45 钢	
工序号	程序编号	夹具名称		数控系统	车间	
1	O8001 ~ O8002	三爪自定心卡盘		FANUC 0i		
序号	工步内容	刀具号	主轴转速 /(r / min)	进给量 /(mm / r)	背吃刀量 / mm	备注
1	钻孔	T07	200			手动
2	粗车外圆	T01	600	0.2	2	自动
3	精车外圆	T02	1200	0.1	0.5	自动
4	粗车内孔	T03	500	0.2	2	自动
5	精车内孔	T04	800	0.1	0.5	自动
6	车削槽（4 mm）	T05	500	0.15		自动
7	车削端面槽	T06	500	0.15		自动

5.编制数控加工程序

（1）加工左端（见表6-5）

表6-5 数控加工程序1

加工内容	程序内容	说明
	程序名为 O8001	
粗车外圆	G40 G97 G99 T0101 M03 S600 F0.2;	调1号刀，主轴正转600 r/min，F 0.2 mm/r
	G00 X135.0 Z5.0;	快速靠近工件
	G94 X−1.0 Z0;	G94齐端面
	G00 X135.0 Z5.0;	快速定位
	G90 X130.5 Z−55.0;	G90粗车外圆至φ130.5 mm
	G00 X100.0 Z100.0	快速退到换刀点
程序暂停	M05	主轴停止
	M00	程序暂停
精车外圆	G40 G97 G99 T0202 M03 S1200 F0.2;	调2号刀，主轴正转1200 r/min，F 0.1 mm/r
	G00 X135.0 Z5.0;	快速定位到刀具起始点
	G94 X−1.0 Z0;	G94齐端面
	G00 X128.0;	快速定位到倒角X轴起点位置
精车外圆	G01 Z0	车削到Z轴起点位置
	X130.0 W−1.0;	车削倒角
	Z−55.0;	精车φ130 mm外圆，至55 mm
	X135.0;	X轴退刀到φ135 mm退出工件
	G00 X100.0 Z100.0;	快速退到换刀点
程序暂停	M05;	主轴停止
	M00;	程序暂停
粗车内孔	G40 G97 G99 T0303 M03 S500 F0.2;	调3号刀，主轴正转500 r/min，F 0.2 mm/r
	G00 X37.0 Z5.0;	快速靠近工件
	G71 U2.0 R0.5;	粗车复合切削循环指令G71
	G71 P10 Q20 U0.5 W0.05;	
	N10 G00 X80.0;	精加工轮廓程序段
	G01 Z−5.0;	
	X50.0;	
	Z−55.0;	

加工内容	程序内容	说明
程序名	O8001	程序名为 O8001
粗车内孔	X40.0;	精加工轮廓程序段
	Z-93.0;	
	N20 X37.0;	
	G00 X100.0 Z100.0;	快速退到换刀点
程序暂停	M05;	主轴停止
	M00;	程序暂停
精车内孔	G40 G97 G99 T0404 M03 S600 F0.1;	调 4 号刀，主轴正转 600 r/min，F 0.1 mm/r
	G00 X37.0 Z5.0;	快速定位到刀具起始点
	G70 P10 Q20;	精车复合切削循环 G70
	G00 X100.0 Z100.0;	快速退到换刀点
程序结束	M05;	主轴停止
	M30;	程序结束

（2）加工右端（见表 6-6）。

表 6-6　数控加工程序 2

加工内容	程序内容	说明
程序名	O8002;	程序名为 O8002
粗车外圆	G40 G97 G99 T0101 M03 S600 F0.2;	调 1 号刀，主轴正转 600 r/min，F 0.2 mm/r
	G00 X135.0 Z5.0;	快速靠近工件
	G94 X-1.0 Z0;	G94 齐端面
	G00 X135.0 Z5.0;	快速定位
	G90 X125.0 Z-55.0;	G90 粗车外圆至 ϕ 104.5 mm，分五次进刀循环切削，每次进刀 5 mm
	X120.0;	
	X115.0;	
	X110.0;	
	X104.5;	
	G00 X100.0 Z100.0;	快速退到换刀点

加工内容	程序内容	说明
程序暂停	M05;	主轴停止
	M00;	程序暂停
精车外圆	G40 G97 G99 T0202 M03 S1200 F0.2;	调 2 号刀，主轴正转 1200 r/min，*F* 0.1 mm/r
	G00 X107.0 Z5.0;	快速定位到刀具起始点
	G94 X−1.0 Z0;	G94 齐端面
	G00 X102.0;	快速定位到倒角 X 轴起点位置
	G01 Z0;	车削到 Z 轴起点位置
	X104.0 W−1.0;	车削倒角
	Z−35.0;	精车 ϕ 104 mm 外圆，至 35 mm
	X128.0;	G01 退刀至 ϕ 128 mm
	X131.0 W−1.5;	车削倒角
	X135.0;	X 轴退刀到 ϕ 135 mm 退出工件
	G00 X100.0 Z100.0;	快速退到换刀点
程序暂停	M05;	主轴停止
	M00;	程序暂停
车槽	G40 G97 G99 T0505 M03 S500 F0.15;	调 5 号刀，主轴正转 500r/min，*F* 0.15 mm/r
	G00 X132.0 Z0;	快速定位到刀具起始点
车槽	Z−35.0;	G00 快速定位至切削位置
	G01 X96.0;	G01 切槽
	X106.0;	G01 退刀
	G00 X100.0 Z100.0;	快速退到换刀点
程序暂停	M05;	主轴停止
	M00;	程序暂停
车削端面槽	G40 G97 G99 T0606 M03 S500 F0.15;	调 6 号刀，主轴正转 500 r/min，*F* 0.15 mm/r
	G00 X70.0 Z5.0;	快速定位到刀具起始点
	G01 Z−16.0;	G01 切槽
	Z5.0;	G01 退刀
	U1.0;	G01 进刀

加工内容	程序内容	说明
车削端面槽	Z–16.0;	G01 切槽
	U–1.0;	G01 车削槽底
	Z5.0;	G01 退刀
	G00 X100.0 Z100.0;	快速退到换刀点
程序结束	M05;	主轴停止
	M30;	程序结束

6.2.3 任务实施

1. 任务准备

设备: Fanuc 0i Mate-TD 系统数控车床

工具: 卡盘扳手、刀架扳手、加力杆、刀垫、内六角扳手、软爪

材料: 45# 钢

刀具: 90° 外圆车刀、35° 外圆车刀、内孔粗车刀、内孔精车刀、切断刀 (4 mm)、端面槽刀 (4 mm)、ϕ 35 mm 钻头

量具: 0 ~ 150 mm 游标卡尺、25 ~ 50 mm 千分尺、100 ~ 125 mm 千分尺、125 ~ 150 mm 千分尺、35 ~ 50 mm 内径百分表、0 ~ 150 mm 塞规

2. 零件加工

(1) 开机回零。

(2) 安装工件并找正。

先加工左端,将工件装夹在自定心卡盘上,三爪加持,装夹要牢固。加工右端时,安装并车削软爪,夹住左端加工右端。

(3) 安装刀具并对刀。

车刀安装时不宜伸出过长,刀尖高度应与机床主轴中心等高。

(4) 数控加工与精度控制。

首件加工应单段运行,通过机床控制面板上的"倍率选择"按钮调整加工参数,然后自动运行加工。加工过程中,各尺寸精度都要保证在公差范围之内。

(5) 零件检测。

自检，修整工件，去毛刺，卸件，交检。

3. 加工注意事项

(1) 加工中注意切断刀和端面槽刀刀头宽度的计算。

(2) 粗车刀、精车刀必须车端面。

(3) 加工中需关闭防护门。

(4) 测量前应先校对量具，测量时要正确使用量具，测量后读数要准确。

(5) 调头加工保总长时使用 G94。

6.2.4 任务小结

通过本任务的练习，应掌握端面槽的加工以及保总长的方法和常用量具的测量方法以及刀具的选用、安装和对刀加工，其目的是通过本节课的学习掌握整体件的编程、加工和检验方法。

6.2.5 任务拓展

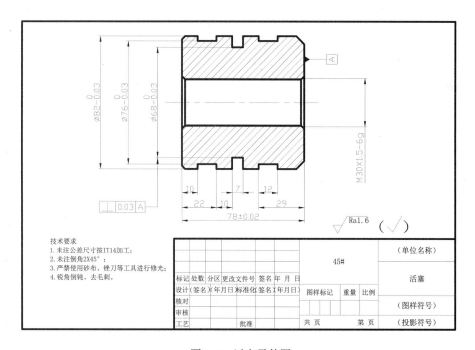

图 6-5 活塞零件图

　　加工如图 6-5 所示零件，零件材料为 45# 钢，按要求完成下列任务。

　　(1) 编写刀具卡片；

　　(2) 编写工艺卡片；

　　(3) 编写加工程序单；

　　(4) 零件实际加工。